数字经济 路-油-车 系列丛书

产业互联网

丛书主编 ◎ 司 晓　杨 乐

闫德利　吴绪亮 ◎ 等著

电子工业出版社

Publishing House of Electronics Industry

北京·BEIJING

内容简介

二十多年来，中国的互联网产业在世界上取得了令人瞩目的惊人成就。传统互联网更关注最终消费者，是人与人的连接，因而也被称为消费互联网，又称互联网发展的上半场。产业互联网则侧重关注企业和服务业，是人与物、人与服务的连接，是互联网的高级阶段，也被称作互联网发展的下半场。本书全面说明了产业互联网的丰富内涵、战略价值与历史使命，说明了中国产业互联网的基础、现状、特点及发展之路，更论述了产业互联网的市场价值、创新发展、实施路径、关键要素、突破重点及诸多难点。本书由多位专家撰文撷合而成，焦点聚集、结构严谨、观点鲜明、论述深刻、言之有实，可谓篇篇锦绣、珠玑落玉，是产业互联网方面不可多得的精品之作。

未经许可，不得以任何方式复制或抄袭本书之部分或全部内容。
版权所有，侵权必究。

图书在版编目（CIP）数据

产业互联网 / 闫德利等著 . — 北京：电子工业出版社，2020.11（2025.1 重印）
（数字经济路 - 油 - 车系列丛书 / 司晓，杨乐主编）
ISBN 978-7-121-39485-0

Ⅰ . ①产… Ⅱ . ①闫… Ⅲ . ①互联网络－关系－产业发展 Ⅳ . ① TP393.4 ② F260

中国版本图书馆 CIP 数据核字 (2020) 第 162484 号

责任编辑：祁玉芹
印　　刷：中国电影出版社印刷厂
装　　订：中国电影出版社印刷厂
出版发行：电子工业出版社
　　　　　北京市海淀区万寿路 173 信箱　　邮编：100036
开　　本：710×1000　1/16　印张：16　字数：233 千字
版　　次：2020 年 11 月第 1 版
印　　次：2025 年 1 月第 6 次印刷
定　　价：58.00 元

凡所购买电子工业出版社图书有缺损问题，请向购买书店调换。若书店售缺，请与本社发行部联系，联系及邮购电话：（010）88254888，88258888。
质量投诉请发邮件至 zlts@phei.com.cn，盗版侵权举报请发邮件至 dbqq@phei.com.cn。
本书咨询联系方式：qiyuqin@phei.com.cn。

序

新基建是路，数据是油，产业互联网是车

马化腾

突如其来的新冠疫情，给经济社会发展带来了巨大冲击。在抗疫中，数字经济展现出强大的发展韧性，在保障人们生活学习、支撑复工复产、提振经济等方面发挥了重要作用。国家统计局数据显示，2020年一季度我国信息传输、软件和信息技术服务业增加值同比增长13.2%。

近期国家积极布局新基建、数据要素培育，以"上云用数赋智"等举措助力数字经济新业态新模式发展，给数字经济注入了强劲的发展势能，推动迈向一个以新基建为战略基石、以数据为关键要素、以产业互联网为高级阶段的高质量发展新阶段。

新基建是数字经济发展的战略基石

以5G、人工智能、数据中心等为代表的信息基础设施，作为新基建的重要组成部分，是数字经济发展的战略基石。与传统基础设施一样，新基建是关乎国计民生的重大战略工程，同时服务于生产和生活两端，需要做长远规划和顶层设计。与传统基础设施不同，新基建受物理空间限制较小，可以跨区域、跨时段高效配置，对抗突发事件的弹性和韧性更强。更重要的是，新

原文题目：《推动上"云"用"数" 建设产业互联网》，发表于《人民日报》（2020年5月7日）。

基建所在的领域都是基于云计算、大数据等数字技术形成的朝阳产业集群，正处在快速发展期，虽然短期内无法像传统基建投资那样迅速形成固定资产拉动经济增长，但长期发展潜力巨大，是我国转变经济发展方式、实现高质量发展的重要着力点。

新基建与传统基建的关系是互补相融，而不是互斥对立的。实际上，随着数字技术日益成熟、应用场景日渐增多，铁路、公路、机场等传统基础设施越来越智能化和自动化，与数字技术的结合也越来越紧密。未来，新基建与传统基建必然会深度融合，界限逐渐模糊，共同服务于经济的长远健康发展，持续提升人民生活水平。

数据是数字经济发展的关键要素

生产要素的形态随着经济发展不断变迁。早在300多年前，被马克思称为"政治经济学之父"的威廉·配第[1]就提出"劳动是财富之父，土地是财富之母"的著名论断。工业革命之后，资本、知识、技术和管理相继成为新的生产要素和财富之源。

随着数字技术和人类生产生活交汇融合，全球数据呈现爆发增长、海量集聚的特点，数据日益成为重要战略资源和新生产要素。习近平总书记指出："要构建以数据为关键要素的数字经济。"党的十九届四中全会[2]首次提出将数据作为生产要素参与分配。中共中央、国务院发布《关于构建更加完善的要素市场化配置体制机制的意见》[3]，将数据作为与土地、劳动力、资本、技术并列的生产要素，要求"加快培育数据要素市场"。

---

[1] 威廉·配第（William Petty，1623—1687年），英国古典政治经济学创始人、统计学创始人，其最著名的经济学著作为《赋税论》（1662年）。

[2] 中国共产党第十九届中央委员会第四次全体会议于2019年10月28日至31日在北京举行。

[3] 发布日期为2020年3月30日。

数据要素涉及数据生产、采集、存储、加工、分析、服务等多个环节，是驱动数字经济发展的"助燃剂"，对价值创造和生产力发展有广泛影响。中央将数据作为一种新型生产要素，有利于充分发挥数据对其他要素效率的倍增作用，意义十分重大。我们要秉持开发利用和安全保护并举的基本原则，充分释放数据红利，不断弥合数字鸿沟，推动数字经济发展迈向产业互联网的新阶段。

产业互联网是数字经济发展的高级阶段

当前，数字经济发展的重心正在从消费互联网向产业互联网转移。产业互联网以企业为主要用户，以提升效率和优化配置为核心主题，是数字经济发展的高级阶段。2018年9月30日，我们提出"扎根消费互联网，拥抱产业互联网"的新战略，引发了产业互联网的热潮。新冠疫情防控期间，远程办公、在线教育、健康码和智慧零售等典型产业互联网新业态新模式发展迅猛，数字技术在新冠疫情防控、复工复产和增强国民经济韧性方面发挥了重要作用，产业互联网的发展按下了快进键。

2020年4月7日，国家发展改革委、中央网信办联合印发《关于推进"上云用数赋智"行动 培育新经济发展实施方案》，明确提出了"构建多层联动的产业互联网平台"的工作推进思路，努力推动数字化转型伙伴行动。加快制订实施产业互联网国家战略，用数字技术助力各行各业和公共服务机构实现数字化转型升级，越来越成为我国经济高质量发展和国家治理能力现代化的重要途径。在此背景下，腾讯更加坚定要成为各行各业的"数字化助手"，启动了"数字方舟"计划，助力"农、工、商、教、医、旅"六大领域的数字化转型。

产业互联网的快速发展在网络、算力、算法和安全等方面都提出了更高要求，迫切需要进一步加快以5G、数据中心、人工智能、物联网等为核心内容的新型基础设施建设。因此，新基建是"数字土壤"，是数字经济发展的战略基石，将为产业互联网发展提供基础保障和必要条件。另一方面，产业互联网是新基建的市场先锋，是新基建的需求来源，将对新基建起到自上而下的反哺作用。准确研判产业互联网的发展态势，有助于廓清新基建的主攻方向，避免盲目投入。而数据作为关键生产要素，它的感知、采集、传输、存储、计算、分析和应用实际上贯穿了新基建和产业互联网融合发展的每一个环节。

综合起来，新基建、数据要素和产业互联网紧密相连、互相促进。有专家将三者关系类比成"路—油—车"。新基建是通往全面数字社会的"高速公路"，数据是驱动数字经济发展的新"石油"，产业互联网则是高效运行的"智能汽车"。当然，这只是一个大致的类比，实际上三者关系远比"路—油—车"复杂得多，比如产业互联网的IaaS（基础设施即服务）[4]等底层业务形态实际上也兼具了"路"的功能。只要"路—油—车"三者协同发展，我们一定能够构建出一个包括线上线下企业、政府部门、科研院所、公益机构和广大用户在内，充满韧性的数字生态共同体。腾讯在其中将秉承"科技向善"理念，专注做好连接和工具，立足成为各行各业的数字化助手，与合作伙伴共建新生态，助力新基建、数据要素和产业互联网的深度融合。各方相互依存、相互促进，共同繁荣数字经济生态，就可以合力推动经济发展动力变革、效率变革、质量变革，提升国家数字竞争力。

---

[4] IaaS（Infrastructure as a Service，基础设施即服务）是指把IT基础设施作为一种服务提供给公众服务模式。

前　言

产业互联网是数字经济发展的高级阶段,是奔驰在数字之路上的"智能汽车"。它是以企事业单位为主要用户、以生产经营活动为关键内容、以提升效率和优化配置为核心主题的应用和创新。

我国十分重视产业互联网发展,将其作为推动产业数字化、加快产业转型升级的有力抓手。2019年10月,国家发展改革委和中央网信办联合发布《国家数字经济创新发展试验区实施方案》,要求"以产业互联网平台、公共性服务平台等作为产业数字化的主要载体"。2020年4月,国家发展改革委和中央网信办又联合印发文件,把"构建多层联动的产业互联网平台"作为推进"上云用数赋智"行动的主要方向。

腾讯公司是产业互联网的积极倡导者。自2018年9月30日腾讯公司提出"扎根消费互联网,拥抱产业互联网"的发展战略以来,腾讯研究院携手国内智库团队和高校就相关话题进行了大量研究。本书即是近两年研究成果的结晶,它从六个方面展开论述。

(1) 产业互联网是数字经济新阶段。"数字经济"术语于1995年首次提出。随着现代生产工具、生产要素和基础设施加快演进升级,数字经济发展逐步迈向产业互联网的新阶段,各行各业的数字化转型成为大势所趋,并呈现出诸多新的发展特征。

(2) 产业互联网的演进路径。产业互联网成为数字经济新阶段有其历史必然性，本篇对产业互联网的商业逻辑、演进规律、痛点问题和发展路径进行了研究总结，以期给人以启发。

(3) 新冠疫情要求产业互联网加快发展。在疫情防控中，产业互联网帮助构建了一套"数字免疫系统"，发挥了重要作用。但也暴露出了一些有待补齐或修正的短板和问题，迫切需要我们破除，进一步加快推进产业互联网发展。

(4) 新基建是"路"，产业互联网是"车"。产业互联网和新基建紧密关联，互相促进。新基建是适应数字经济换代发展时代要求的"高速公路"，是产业互联网充分发展的基础条件。产业互联网则是高效运行的"智能汽车"，是保障新基建顺利推进的强力支撑。

(5) 产业互联网促进经济高质量发展。本书分析了产业互联网对国民经济发展的影响机制，及其对高质量发展的重要意义。指出互联网公司应成为传统企业的"数字化助手"，释放对经济发展的放大、叠加、倍增作用。

(6) 加快制定实施产业互联网国家战略。产业互联网应放在世界新产业革命大潮中来谋划，从引领产业未来发展的战略高度来推进。我们应加快制定实施产业互联网的国家战略，保障产业安全，掌握未来发展的主动权。

目 录

序 / III
前言 / VII

第一篇 产业互联网是数字经济新阶段 / 001

第1章 数字经济发展迈向产业互联网新阶段　002
一、智能机器成为新的生产工具
二、数据成为新的生产要素
三、信息网络成为新的基础设施
四、产业互联网是数字经济的高级阶段

第2章 互联网的下半场——产业互联网　017
一、互联网上半场到下半场的转变
二、产业互联网的特征
三、问题与出路
四、结语

第3章 产业互联网受瞩目：互联网主战场从 To C 转向 To B　026
一、并非新概念，早期应用领域限于工业
二、可直接影响生产环节，促进效率提升
三、诸多难点阻碍其发展，须政企联手攻克

第4章 数字经济与产业互联网发展　031
一、数字经济与产业互联网发展历程
二、数字经济与产业互联网的商业逻辑
三、数字经济的战略价值

四、公共政策思考：中国做对了什么？

第 5 章　产业互联网的内涵、模式和兴起原因　　052
　　一、产业互联网的内涵和特征
　　二、产业互联网的主要模式
　　三、产业互联网：我国互联网发展的弱冠之礼
　　四、产业互联网为何在 2018 年兴起？

第二篇　产业互联网的演进路径　　/ 065

第 6 章　产业互联网的商业逻辑　　066
　　一、产业互联网的概念审视
　　二、互联网发展的边界
　　三、互联网的本质
　　四、产业互联网的商业逻辑

第 7 章　产业互联网的演进规律　　073
　　一、通用技术扩散非均衡："连接"推动消费互联网蓬勃发展
　　二、连接技术与 ABC 技术：互联网经济大幕才刚刚拉开
　　三、零售业数字化变革：连接技术与 ABC 技术在这里交汇
　　四、从需求侧到供给侧：产业互联网未来演进方向

第 8 章　发展产业互联网要迈过两道坎　　085

第 9 章　产业互联网的发展路径选择　　092
　　一、未来谁会主导中国产业互联网的发展
　　二、产业互联网发展的路径
　　三、中国发展产业互联网的优势

第 10 章　产业互联网如何实现"存量变革"　　099
　　一、产业互联网实现"存量变革"的三个维度
　　二、中国产业互联网发展的优势与面临的问题
　　三、如何推进产业互联网发展

第11章 生态共建是产业发展的唯一选择　　　　　　　　105
　　一、效率是企业经营的关键
　　二、安全是产业数字化的底座
　　三、生态共建是产业发展的唯一选择

第三篇 新冠疫情要求产业互联网加快发展　　　　　/ 111

第12章 新冠疫情对数字经济发展的影响和挑战　　　　112
　　一、纯线上业务影响正面，线下业务比重大者受影响大
　　二、居家服务得到快速增长，出行业务受到的不利影响最大
　　三、不可避免受到经济活力下降和宏观环境恶化的影响
　　四、智慧城市的成效得到实践检验，将引发建设思路的大调整
　　五、结语

第13章 现实状况呼唤产业互联网加快发展　　　　　　117
　　一、数字经济在疫情控制中发挥了突出作用
　　二、互联网在产业端应用将迎来高速增长
　　三、巩固消费互联网优势，加快产业互联网发展

第14章 数字化"战疫"之有温度的工业互联网平台　　125
　　一、疫情期间民生需求痛点
　　二、工业互联网平台的支撑协同
　　三、科技向善的初心与彼岸

第15章 后疫情时代的产业互联网：趋势、路径与建议　131
　　一、引言
　　二、后疫情时代产业互联网发展趋势
　　三、后疫情时代产业互联网发展路径
　　四、若干建议

第四篇 新基建是"路",产业互联网是"车" / 139

第16章 以新基建为契机,加快共建产业互联网 140

第17章 推进新基建和产业互联网的融合互动发展 145
一、新基建区别于传统基建的新特点
二、新基建可以推动产业互联网向纵深发展
三、新基建与产业互联网融合互动发展

第18章 新基建下产业互联网发展新图景 150
一、新基建的概念范畴如何划定?
二、新基建推进中政府与市场的作用如何协同?
三、新基建与数字经济及产业互联网的关系

第19章 夯实新基建之路,提速产业互联网之车 155

第20章 新基建是路,产业互联网是车,推动数字经济迈向新的高级阶段 158
一、新基建和产业互联网是数字经济换代发展的核心动力
二、新基建是"路",是产业互联网充分发展的基础条件
三、产业互联网是"车",是新基建顺利推进的需求支撑
四、政府部门可给予适度的政策扶持

第五篇 产业互联网促进经济高质量发展 / 163

第21章 加快发展产业互联网,促进实体经济高质量发展 164
一、产业互联网是互联网发展的高级阶段,也是传统产业转型升级的必然要求
二、作为"数字化助手",互联网企业助力实体经济高质量发展
三、相关建议

第22章 产业互联网如何更好服务实体经济　　172
一、数字经济正进入产业互联网阶段
二、产业互联网是促进实体经济高质量发展的重要动力
三、我国具备发展产业互联网的良好基础

第23章 产业互联网和人工智能如何重塑中国经济　　178
一、引言
二、人工智能和经济增长
三、产业互联网的影响
四、平台化组织
五、结论

第24章 充分释放产业互联网的公共价值：以服务业为例　　192
一、从工业互联网到产业互联网的必要性和紧迫性
二、产业互联网的公共价值：服务业的案例
三、关于加快发展产业互联网的一些建议

第六篇　加快制定实施产业互联网国家战略　　/ 207

第25章 以新发展理念推进产业互联网发展　　208
一、科技创新和应用场景创新双管齐下，激发创新力
二、瞄准区域、城乡发展不均衡问题，助力协调发展
三、发挥产业互联网提效率降成本的优势，推动绿色发展
四、构建开放平台、完善数据规则，厚植开放生态
五、坚持包容性和普惠性发展，促使成果共享

第26章 从战略高度加快推动产业互联网发展　　215
一、大变革时代催生产业互联网
二、发展产业互联网意义十分重大
三、从战略高度加快推动产业互联网发展
四、企业要根据自身实际，选择一条切实可行的产业互联网发展之路

第 27 章　加快实施产业互联网国家战略　　　　　　　221

一、产业互联网是推动实体经济高质量发展的重要路径选择

二、推进产业互联网创新发展的对策建议

三、结语

第 28 章　如何看待产业互联网时代的产业安全？　　　　228

一、产业互联网时代的安全革命：新挑战与新机遇

二、从信息安全到产业安全

三、产业安全法律政策环境分析

四、产业安全的现状及发展趋势

五、产业安全的痛点与价值

六、产业安全的潜力与突破

第一篇　产业互联网是数字经济新阶段

习近平总书记指出："世界经济数字化转型是大势所趋。"作为继农业经济和工业经济之后新的经济形态，数字经济已连续4年写入国务院《政府工作报告》（包括2018年数字中国）。随着人类生产工具、生产要素和基础设施不断演进升级，数字经济发展正加速迈向产业互联网的新阶段。

第 1 章
数字经济发展迈向产业互联网新阶段

原文题目：《数字经济迈向产业互联网新阶段》，作者闫德利，发表于腾讯研究院微信公众号（2020 年 5 月 25 日）。

习近平总书记指出："纵观世界文明史，人类先后经历了农业革命、工业革命、信息革命。"作为信息革命的引擎，数字技术日新月异，生产工具、生产要素和基础设施加快演进升级。智能机器成为新的生产工具，数据成为新的生产要素，信息网络成为新的基础设施，推动数字经济迈向一个网络化连接、数据化描绘、智能化生产、融合化发展的产业互联网新时代。

一、智能机器成为新的生产工具

本杰明·富兰克林有言："人是制造工具的动物。"生产工具不是自然之物，而是人造之物，它是人类生产出来供进一步生产而使用的物质手段，是人类改造自然能力的物质标志。离开生产工具，就无法形成生产力的时代更迭。马克思指出："各种经济时代的区别，不在于生产什么，而在于怎样生产，用什么劳动资料生产。"劳动资料中的决定因素就是生产工具，马克思认为它"更能显示一个社会生产时代的具有决定意义的特征"。"工欲善其事，必先利其器。"生产工具是衡量社会生产力发展水平、区分不同经济发展阶段的最主要标志。

（一）从手工工具到"三环节的机器系统"

伴随着生产力的发展、人类的进步，生产工具总是从简单到复杂、从低级到高级。不同经济形态下，人们有着不同的生产工具。

在采集狩猎和农业经济时代，生产工具是手工工具。生产以手工操作为主，并在一定程度上借助畜力、风力、水力等自然力。作为人体器官的延伸和强化，生产工具的使用高度依赖于人的体力和技艺。人们一般根据材料技术把手工工具划分为石器、青铜器和铁器三个阶段。

18世纪60年代，以蒸汽机的改良为标志，工业革命在英国发生。工业革命是以机器取代人力、以大规模工厂化生产取代个体工场手工生产的一场技术革命，人类社会从此进入工业时代，机器成为最强大的生产工具。利用机器创造物质财富的效率，大大超过了以往一切社会的劳动效率。手工工具依赖人的技能，机器"本身就是能工巧匠"，其特点是代替人的技能。马克思指出："所有发达的机器都由发动机、传动机构和工具机（或工作机）三个本质上不同的部分组成。"即"三环节的机器系统"（简称"三机系统"）。人们一般以动力技术为标志把机器划分为蒸汽机器、内燃机器和电力机器三个阶段。

（二）智能机器：改造物理世界，创造数字世界

随着数字革命孕育成长，软件开始定义一切，机器日益由程序和代码所驱动，由"插上电"迈向"连上网""接

入云",从而具备了一定的分析、运算、判断、操作甚至思维的能力,能够独立完成人们设计的生产过程,变得越来越自动化和智能化。马克思预言的"有智力的器官"——独立的电脑控制的机器出现,并成为机器的核心和灵魂,承担起过去人脑执行的某些管理机器的职能。机器的形态发生了深刻变化,"三环节的机器系统"演进成由发动机、传动机、工具机和控制机组成的"四环节的机器系统"(即"四机系统"),我们称之为"智能机器"或"智能工具",也称"数字化机器"。马克思曾把机器称为"生产的骨骼系统和肌肉系统",智能机器则有了发达的"神经系统",不断增强人类脑力和智慧。

智能机器与机器的本质区别在于,它具有拟人的智能自动化,突破了时间和空间的制约,实现了生产工具从单维空间到二维空间的历史转变。工业时代的机器是原子的,是物质的,是改造物理世界的尺度。数字时代的智能机器本质上是比特的,是数字化的,它不仅改造着我们的旧世界(物理世界),还在创造一个新世界(数字世界)。智能机器给人类生产生活带来了巨大而深刻的影响,它引领了社会生产新变革,拓展了人类生活新空间,世界变成了"鸡犬之声相闻"的地球村,信息物理系统(CPS)应运而生。如表1.1所示。

表 1.1 不同历史阶段的生产工具

经济形态	生产工具	关键技术	特征
采集狩猎、农业经济	手工工具（石器、青铜器、铁器）	材料技术	依赖人的技能
工业经济	机器（蒸汽机器、内燃机器、电力机器）	动力技术	代替人的技能
数字经济	智能机器	数字技术	拟人的智能自动化

来源：腾讯研究院，2020 年 5 月。

英国历史学家伊恩·莫里斯在《西方将主宰多久》（Why the West Rules-for Now）中指出："蒸汽机使得整个世界早期发展历史的所有剧本都显得拙劣无比。"智能机器的出现，是人类社会发展史上具有划时代意义的重大事件，甚至比蒸汽机更具进步意义。麻省理工学院的埃里克·布莱恩约弗森和安德鲁·麦卡菲认为，当下这场数字技术革命是继蒸汽机引发机器革命之后最重要的变革，是"第二次机器革命"。马克思深刻指出："手推磨产生的是封建主为首的社会，蒸汽磨产生的是工业资本家为首的社会。"那么，"数字磨"将产生以知识、信息和数据为关键要素的社会。

二、数据成为新的生产要素

在经济学中，生产要素又称生产输入，是人们用来生产商品和劳务所必备的基本资源，主要包括土地、劳动、资本、企业家才能和数据。生产要素促进生产，但不会成为产品或劳务的一部分，也不会因生产过程而发生显著变化。

（一）"四位一体的公式"

生产要素是一个历史范畴，随着经济社会的发展而不断演进。在不同的经济形态下，它有着不同的构成和不同的作用机理。

在长达数千年的农业社会之中，经济发展的决定因素是土地和劳动。正如被誉为"政治经济学之父"的威廉·配第的经典名言："土地为财富之母，而劳动则为财富之父和能动的要素。"

工业革命后，人类社会进入机器大工业时代，资本成为决定经济发展的第一生产要素。需要注意的是，经济学家们所指的资本是物质资本，是机器、设备、工具、厂房等资本品（Capital Goods），而非金融资本。

19世纪下半叶，以电气化为基本特征的第二次工业革命在德国、美国两地率先发生。随着社会化大生产的发展，资本的作用进一步强化。同时，企业所有权与经营权日益分离，企业家从劳动大军中脱颖而出，成为一个新的群体，即"经理革命"，企业家才能开始成为独立的生产要素。

生产要素理论可追溯到1662年威廉·配第所著的《赋税论》，后经庞巴维克、亚当·斯密、萨伊、约翰·穆勒

第一篇 产业互联网是数字经济新阶段

等众多经济学家 200 多年的发展和完善。1890 年,英国著名经济学家马歇尔的划时代著作《经济学原理》出版,该书在萨伊"三位一体的公式"基础上提出了生产要素四元论——土地、劳动、资本和企业家才能。即在生产中,地主提供土地,获得地租;工人提供劳动,获得工资;资本家提供资本,获得利息;企业家提供企业家才能,获得利润。国民所得(NI)[1]即为四要素报酬——国民所得(NI)=工资(W)+地租(R)+利息(I)+利润(PI)。这个"四位一体的公式"概括了西方经济学生产理论和分配理论的核心,在一个多世纪的时间里被人们普遍接受。

[1] NI(National Income,国民所得)也称国民收入。

(二)"构建以数据为关键要素的数字经济"

历史的车轮滚滚向前。20 世纪 90 年代开始,数字革命方兴未艾,数字技术和人类的生产生活以前所未有的广度和深度交汇融合,全球数据呈现爆发式增长、海量集聚的特点。数据的充分挖掘和有效利用,优化了资源配置和使用效率,改变了人们的生产、生活和消费模式,提高了全要素生产率[2],推动了诸多重大而深刻的变革,对经济发展、社会生活和国家治理产生着越来越重要的作用。数据日益成为重要战略资源和新生产要素。

[2] 全要素生产率 指生产单位(如企业)中的所有生产要素的综合生产率,以区别于要素生产率(如技术生产率)。

我国对此高度重视,不断推动生产要素的理论和实践创新。习近平总书记在 2017 年 12 月中共中央政治局第二次集体学习时强调:"要构建以数据为关键要素的数字经济。"党的十九届四中全会首次提出将数据作为生产要素参与分配。2020 年 4 月,中共中央、国务院发布《关于构建更加完善的要素市场化配置体制机制的意见》,将数据作为与土地、劳动、资本、技术并列的生产要素,要求"加快培育数据要素市场"。数据要素涉及数据生产、采集、存储、加工、分析、服务等多个环节,是驱动数字经济发展的"助燃剂",对价值创造和生产力发展有广泛影响,如表1.2所示。

表1.2 不同历史阶段的生产工具

历史阶段		生产要素	代表人物/事件
农业时代		土地、劳动	威廉·配第、庞巴维克
工业时代	第一次工业革命	土地、劳动、资本	亚当·斯密、萨伊、约翰·穆勒
	第二次工业革命	土地、劳动、资本、企业家才能	马歇尔
数字时代		土地、劳动、资本、企业家才能、数据	中央十九届四中全会,《关于构建更加完善的要素市场化配置体制机制的意见》

来源:腾讯研究院,2020年5月。

(三)生产要素的五元论

数据并不是一开始就成为生产要素的。从上古时代的"结绳记事"到文字发明后的"文以载道",再到近现代科学的"数据建模",数据一直伴随着人类社会的发展和变迁。然而,直到互联网商用之后,人类掌握数据、处理数据的能力才有了质的跃升,数据才成为生产要素,从而突破了生产要素的四元论,我们可称之为"五元论"。

第一篇　产业互联网是数字经济新阶段

新制度学派的领袖人物加尔布雷思[3]指出,在社会发展的每个阶段都有一种生产要素是最重要和最难替代的,掌握这种生产要素供给的阶层就具有极其重要的地位。例如,地主之于农业时代,资本家及后来的企业家之于工业时代。按马歇尔"四位一体的公式",数字经济时代,那些掌握着丰富知识和大量数据的新阶层将加快形成,并发挥越来越重要的作用。对这个社会群体,我们暂以"数据所有者"称之。他们通过提供数据要素参与到生产过程中,并获得某种收入。至于是什么类型的收入,这涉及一系列重要和关键问题,需要经济学家进一步研究。生产要素的五元论如表1.3所示。

[3] 约翰·加尔布雷思(John Galbraith 1908-2006年),美国著名经济学家,新制度学派的主要代表人物,是颇具影响力的公共思想家之一。著名著作有《美国资本主义》《富足社会》等。

表1.3　生产要素的五元论

序号	生产要素	提供方	收入
1	土地	地主	地租
2	劳动	工人	工资
3	资本	资本家	利息
4	企业家才能	企业家	利润
5	数据	"数据所有者"	?

来源:腾讯研究院,2019年4月。

生产要素市场改革是我国经济高速发展的关键。改革开放之初的家庭联产承包责任制解放了剩余劳动力,激活了农村经济;20世纪90年代国有企业改革使得大量物质资本和高级管理人员投入社会主义市场经济建设;中国加入 WTO[4] 之后，全球资本、技术、管理与人才等生产要素在我国加速集聚，配置效率显著提高。2020 年 3 月 30 日中共中央和国务院发布《关于构建更加完善的要素市场化配置体制机制的意见》，提出国家深化要素市场化配置改革，意义十分重大。但我们应注意到，改革并非一蹴而就，需要久久为功。明晰的权属和有序的流动，是生产要素的本质要求和前提条件。目前，数据权属有待进一步明确，我国还存在诸多限制和制约数据自主有序流动的体制机制障碍，如何既要充分释放数据红利，还能有效保障安全隐私，这都是需要重点研究和突破的方向。

[4] 2001 年 12 月 11 日，中国正式成为世贸组织（WTO）成员。

三、信息网络成为新的基础设施

"基础设施"是一个让人感觉自己很明白但又难以解释清楚的概念。学者只是给出模糊简略的描述，或通过列举的方式说明其范围，尚没有清晰明确的定义。我们尝试构建一个通俗易懂的分析框架，以给出相关解释。

（一）基础设施是社会传输网络，连接是其本质特征

基础设施（Infrastructure）又称基础结构，是一种准公共品，其存在是为了满足直接生产部门和人们生活消费的共同需要。基础设施是一种"社会分摊资本"（Social Overhead Capital, SOC），是社会生产过程中"一般的共同的生产条件"。它不直接加入某个特殊的生产过程，而是作为各个特殊生产过程的一般条件或

第一篇 产业互联网是数字经济新阶段

共同条件。

作为开展经济社会活动的前提和底座，基础设施具有相对独立性和稳定性，并不需要随着生产工具的改变而立即改变。基础设施的投资规模大、建设周期长、不可分割、不可贸易，因此其投资主体多是政府部门。作为准公共品，基础设施的一个明显特征是价格便宜。理想情况下，便宜到所有人在使用它时不会考虑费用因素即可畅享。

基础设施功能的发挥在于它是一种社会传输网络，主要由通道及其节点组成，连接是其本质特征。基础设施通过连接不同的地区、不同的民众和不同的服务，来传输物品和人们自身，从而实现位置的转移；或者来传输水、电、气和信息，从而使人们获得公共服务。交通网、管网[5]、电网和电信网莫不如此。

[5] 指供水网、热力网、燃气网等管道网。

（二）从物理基础设施到信息基础设施

客观世界是由物质、能量和信息三大要素构成的。在工业经济时代，物质和能量是主要传输对象，基础设施主要有交通运输、管道运输、水利设施和电网四大网络体系。通俗来说，传统基础设施是以"铁公基"和"水电气"为代表的物理网络。

随着数字经济时代的到来，信息（或者说"比特"）成为越来越重要的传输对象。作为传输信息的通道，信息网络是数字世界的"高速公路"，成为新的基础设施。正如高速公路网络不仅由公路组成，还包括桥梁、车站、服务区和调度系统等一样，信息的聚合、分析、处理与信息传输密切相关、相互配套。因此，存储系统、计算能力与传输通道共同构成了信息网络系统，即信息基础设施，如表1.4所示。

表1.4 基础设施的主要类型及其组成

基础设施类型	基础设施名称	传输对象	通道	节点
物理基础设施	交通运输	汽车、自行车	公路	汽车站、桥梁、服务区
		火车	铁路	火车站、桥梁
		飞机	空域	机场
		轮船	江河湖海	码头
	管道运输	水	水管	自来水厂
		热力	热力管道	供热中心
		燃气	燃气管道	制气站
		原油、成品油	输油管	炼油厂、加油站
	水利设施	水	河道、堤防	湖泊、水库
	电网	电	电网	发电厂、变电站
信息基础设施	信息网络系统	信息	信息网络	存储系统、计算能力

来源：腾讯研究院，2020年3月。

（三）国家大力推进新基建

近年来，我国大力推进信息网络等新型基础设施建设（简称"新基建"），这既是应急之需，更是长远大计。新型基础设施是由中央历次重要会议和领导人讲话提出的，其主体是"信息基础设施"（或称为"数字基础设施"）。到目前为止，中央明确提到的新型基础设施有6个，即5G网络、云平台、数据中心、人工智能、工业互联网和物联网。其中，5G网络、工业互联网和物联网主要作为信息网络通道，数据中心作为存储系统，云平台作为计算能力，人工智能则更多体现在调度能力方面。在具体工作范畴上，国家发展改革委将新型基础设施分为信息基础设施、融合基础设施和创新基础设施三个方面。需要注意的是，新基建是政府工作语言，其范畴会根据发展形势和工作需要与时俱进。

"铁公基"等物理基础设施对GDP的拉动效应十分显著。世界银行《1994年世界发展报告》的测算结果表明，基础设施存量增长1%，人均GDP就会增长1%。然而，新基建对GDP的拉动作用未必如此明显，正如经济学家索洛[6]描述："计算机带来的改变无处不在，只有在统计数据中例外！"新基建的价值更多体现在提高经济发展的效率和质量，以及增进民生福祉等方面。政府的角色可能会发生一些变化，由以前的投资方变成投资动员方，社会资本将在新基建中发挥重要作用。

[6] 罗伯特·默顿·索洛（Robert Merton Solow），美国经济学家，诺贝尔经济学奖获得者。

四、产业互联网是数字经济的高级阶段

生产工具、生产要素和基础设施,是描绘一个经济社会时代的三个标尺。智能机器是改造自然的有力工具,是建设数字世界的手中"利器";数据是数字经济发展的关键要素,是驱动数字未来的"石油";信息网络是数字经济发展的战略基石,是通往数字时代的"高速公路"。数字技术推动三大要素演进升级,经济发展的底层逻辑发生了根本变化,变革的方向无不指向产业互联网。产业互联网是互联网、大数据、人工智能与实体经济深度融合的产物,是数字经济发展的高级阶段,是奔驰在数字之路上的"智能汽车"。产业互联网是生产工具、生产要素和基础设施换代发展的需求之源,它们共同组成一个繁荣的"数字生态共同体"。

(一)从消费互联网迈向产业互联网

电动机和发电机的发明,并没有立刻引发第二次工业革命。直到电的应用由生活和消费领域拓展延伸到生产和产业领域,工业革命的潜力才真正得以释放。孕育兴起的数字革命也是如此。在20世纪90年代开始的第一次数字经济热潮中,数字技术主要在消费领域进入大规模商业化应用,门户网站、在线视频、在线音乐、电子商务等主要商业模式的终端用户几乎都是消费者,这一阶段因此被称为"消费互联网"。当前,网络连接从"人人互联"迈向"万物互联",技术应用从侧重消费环节转向更加侧重生产环节。数字技术在极大地改变人们的生活方式后,开始加速

渗透到企业的研发设计、生产制造、供应链管理、客户服务等各个环节,深刻改变着人们的生产方式。产业互联网蓄势待发,推进数字经济发展迈向新的高级阶段。

产业互联网的内涵十分丰富,它是以企事业单位为主要用户、以生产经营活动为关键内容、以提升效率和优化配置为核心主题的互联网应用和创新,是数字经济深化发展的高级阶段,也是传统产业转型升级的必然要求。我国产业互联网的起步较晚,但具有独特优势。"中国经济是一片大海",拥有1.2亿户市场主体,有众多政府部门、学校、医院、事业单位、社会团体等组织机构,它们对利用数字技术提高生产经营效率有着强烈的需求,产业互联网发展蕴含着巨大潜力。

(二)要从战略高度推进产业互联网发展

习近平总书记要求:"要推动产业数字化,利用互联网新技术新应用对传统产业进行全方位、全角度、全链条的改造,提高全要素生产率,释放数字对经济发展的放大、叠加、倍增作用。"国家十分重视产业互联网的发展。2019年10月,国家发展改革委和中央网信办联合发布的《国家数字经济创新发展试验区实施方案》要求"以产业互联网平台、公共性服务平台等作为产业数字化的主要载体"。2020年4月又联合印发文件,把"构建多层联动的产业互联网平台"作为推进"上云用数赋智"行动的主要方向。产业互联网具有连接类型多样、行业应用广泛、流程再造深度等特点,日益成为经济增长的重要驱动力,在提高现有产业劳动生产率、培育新市场和产业新增长点、实现包容性增长和可持续增长中发挥着重要作用。加快发展产业互联网，是我国经济高质量发展的必由之路，也是应对疫情冲击的现实之需。

加快发展产业互联网是塑造国家数字竞争力的战略举措。我们要把产业互联网放在新一轮科技革命和产业变革的历史大潮中来谋划，从引领产业未来发展的战略高度来重点推进，加快制定实施产业互联网国家战略，全面推进农业、工业、建筑业和服务业的产业互联网化步伐，推动经济发展质量变革、效率变革、动力变革，为后小康时代实现更加宏伟目标奠定坚实基础。

第 2 章
互联网的下半场——产业互联网

消费互联网的发展对人们的生活方式和社会文化等产生了重要影响,但当人口红利逐渐消失,当流量到达天花板时,互联网企业该如何谋求新的方向?中国互联网协会在 2010 年的《振兴上海互联网产业研究报告》中提出:"互联网产业发展要以消费型互联网与生产型互联网并举作为方针。"麦肯锡报告(2014)也指出:"过去中国互联网发展是以消费者而不是以企业为导向的,这一现象正在发生变化。"改变的方向指向了产业互联网。

原文题目:《互联网的下半场——产业互联网》,作者高新民,根据 2019 年 7 月 31 日腾讯研究院产业互联网专家会上的发言整理,发表于腾讯研究院微信公众号(2019 年 8 月 13 日)。

一、互联网从上半场到下半场的转变

产业互联网是互联网下半场集中施力的方向。认识产业互联网,首先要明确其根植的互联网环境。从上半场到下半场,互联网发展的核心对象、业务目标、支撑中心、以及互联网和传统行业的关系等各个方面,均发生了显著变化。准确把握其特征,才能帮助企业在突破发展方向或者着力点上提供思路和方向。互联网上半场和下半场的主要转变如表 2.1 所示。

表 2.1　互联网上半场和下半场的主要转变

	互联网上半场	互联网下半场
核心对象	主要是"人"的互联网（Internet of People）	主要是"物"的互联网（Internet of Everything）
业务目标	主要是消费型互联网（2C，面向消费者）	主要是生产型互联网（2B，面向企业），或称产业互联网
支撑中心	主要是以计算机而不是以数据为中心的互联网	主要是以数据（数字对象）为中心的互联网
互联网与传统行业关系	互联网产业与传统产业是并立甚至是对立的	互联网产业与传统产业无界限，你中有我，我中有你

（一）互联网进入虚拟和物理世界融合化新形态

互联网的上半场被形象地描述为"抢人大战"，所有产品的核心都指向消费者，"8.3亿网民、14亿人口"[7]的体量带来巨大商业价值，这让互联网企业想方设法地将社交基因植入到每个产品中。这样，通过网络技术将所有能上网的人都连接起来，赋给每个个体进行信息获取、生产和交换的权利，同时不断变换花样，吸引用户点击，不断改进体验，让用户驻留。一个以人为节点、以信息为连接的时代铺陈开来。

在上半场中，互联网产品对社交属性极其执着，都是围绕人展开的。在下半场中，这个核心将扩散到"万

[7] 来源于CNNIC 2018年网民数量统计数据。

物"，即人们所说的 IoT（Internet of Things）。当然这里的"物"并不仅是中文里的物体或者物品，而是指"Everything"，既包括了人，也包括了事件、数据、装置、系统、流程等。所有物理对象（不论是智能的还是非智能的物体）与互联网无缝连接，从而实现虚拟世界和物理世界的一体化，物理对象可积极参与业务流程（互动、通信、控制）。互联网也会将由此进入新的阶段——CPS（Cyber Physical System），即信息物理融合系统，它是一个融合了计算、网络和物理环境的多维复杂系统。当然，CPS 技术才刚刚兴起，需要较长时间的发展。

（二）互联网从消费型进入消费—生产融合新业态

在消费互联网环境下，注意力和流量是产品的业务目标。赫伯特·西蒙[8]曾指出："随着信息的发展，有价值的不是信息，而是注意力。"对人的争夺，其本质是对"眼球"的争夺。因为人们的注意力是有限的、稀缺的。同时因为注意力具有传递的性质，产品在将人的注意力吸引来之后，将其转化成商业价值，即完成从注意力到认同，再到消费行为的转化。

在上半场，互联网企业主要以争夺用户注意力为目标，围绕用户的"眼球经济"，属于 2C 性质。互联网正从消费互联网向消费—生产型发展，即指向 2B，最终达到 2C，实现 2B 与 2C 的融合，也就是产业互联网化的过程，这将是价值经济。

产业互联网服务企业的服务对象是企业或机构，其主

[8] 赫伯特·西蒙（Herbert Simon）是科学界的一位通才，在众多的领域有着深刻的影响。他的研究工作涉及经济学、政治学、管理学、社会学、心理学、运筹学、计算机科学、认知科学、人工智能等广阔的领域，有诸多创造性的贡献，在国际上获得过许多殊荣。

要诉求是创造新价值，流量将不再是企业关注的核心。因此对目前的互联网企业来说，如果想要服务企业，需探索新的商业模式，根本是能够做到为传统行业提供有附加值的、有依赖度的服务，例如建立行业知识图谱、提供通用和流通的生产要素等。

（三）互联网从计算机互联到数字对象互通

在支撑中心方面，支撑上半场互联网有效运行与发展的仍是各类载体，例如服务器、PC、手机等设备。互联网的架构是局域网或计算机的互联，以服务器为中心，信息隶属于服务器。而这样始终无法发挥互联网的最大价值，因为互联网的价值核心是数据的互联或数字对象。所谓数字对象（Digital Object，DO），指的是数据和数据的组合，将其加以封装，设置统一且持续不变的标识，并配有解析系统的支持。因此完成从"以连接物理装置"到"以信息为中心，服务器为载体"的转变，将成为后期发展的着力点。但我们也要注意到，这同时面临着对输入对象的解析等方面的技术难题。

（四）互联网与传统产业从对立颠覆到融合竞合

消费互联网时代，传统行业与变革的互联网之间的对立是常态。例如，在线书店和电子书的发展，导致实体书店面临倒闭，传统纸质媒体出版行业陷入困境等。两者中一方的取胜似乎都是以牺牲另一方为代价的。

产业互联网时代，互联网与传统产业的关系将不存在所谓的对立或颠覆，两者之间的关系将转变成融合与竞合，互联网产业与传统产业将没有界限，达到"你中有我，我中有你"的状态。

产业互联网化是互联网与传统产业的融合创新，在竞争和合作中形成新产业形态的过程。产业互联网不仅是产业形态与互联网技术的融合，更是互联网思维对传统产业的渗透，它将互联网所承载的庞杂信息高效地运用到传统行业的生产、交易、融资、流通等各个环节中。但这并不意味着将传统行业的所有部分都机械地"产业互联网化"，而是利用互联网思维去解决传统产业中的痛点问题，为传统行业做优化，帮助双方建立让彼此和谐共生的产业生态。

二、产业互联网的特征

正如争论是"互联网+"还是"+互联网"没有实际意义一样，对不断发展和快速创新的产业互联网给出准确而严格的定义难度很大，我们也没有必要花大力气去争辩产业互联网概念的细微差别。但是如果从企业的角度来看，即从企业产品和服务对象的角度理解，可以将产业互联网理解成与消费互联网相类比的概念。实际上，产业互联网包含了面向企业的从生产到流通的各个环节，并呈现出以下主要特点。

（一）产业互联网的关键主体是传统企业，不是原生互联网企业

要做到互联网和传统产业实现融合与竞合的状态，首先要明确各自在这个过程中所扮演的角色与承担的责任。产业互联网的主体既包括为传统企业转型服务的互联网企业和技术支撑企业，也包括转型后的传统企业，但后者才是产业互联网中的关键主体。因为传统行业才是自己行业领域技术、流程、思想的持有者，而这些都需要时间上的积淀，是互联网企业所缺乏的。在观念上，制造业企业注重的是务实求真，能够长期有效地投放资源，相对于依赖风险投资和金融市场支持的模式，更可持续发展。而互联网企业始终扮演的都是为生产服务的角色，是创新引领的角色。制造业企业才是创新的主体。这点与腾讯公司的"半条命"理论类似。腾讯公司只有半条命，另外半条命交给合作伙伴。因此，产业互联网的"半条命"在于，帮助传统产业建设自主的平台和生态。

（二）产业互联网化是递进的，不是同步的

需要明确的是，传统产业互联网化的进程并不是一致的，而是一个递进的过程。信息密度越高的行业，互联网化的成熟度越高，例如媒体、零售等。而公共交通领域、医疗领域，以及制造业、能源业、农业等行业的信息密度相对较低，其互联网化的进程相对滞后。

（三）产业互联网的主战场是制造业的互联网化

制造业成为可以突破的方向，成为产业互联网的主战场。因为5G、工业机器人、传感器、大数据分析等技术的发展，可以为制造业的产业互联网化提供技术支持。推动制造业与互联网融合，既是中国制造提质增效升级的需要，也是互联网经济更为广泛、更为深刻影响国民经济的必由之路。实质上是发挥互联网对制造业创新的驱动作用，使制造业转移到互联网为代表的新的基础设施上来，实现工业体系由机械化、电气化、自动化迈向信息化的飞跃。

国务院2016年5月发布的《关于深化制造业与互联网融合发展的指导意见》是一份非常好的文件，它指出：推动制造业与互联网融合，有利于形成叠加效应、聚合效应、倍增效应，有利于激发"双创"活力、培育新模式新业态，有利于加快新旧发展动能、新旧生产体系的转换。

三、问题与出路

产业互联网化具有重大意义，但同时在这个过程中将面临重重困难。主要集中在以下几个方面：

首先是传统企业信息化基础、管理组织、文化观念不适应。例如如何将互联网思维运用到传统行业中。

其次是制造业融合需要两个"四基"同时发力。即老四基：基础元器件、原材料、新工艺、核心技术；新四基：基础芯片、工业软件、工业互联网、数据分析云平台。但在实际过程中,相关方面无法同步、难于协调将会阻碍两个"四基"的协同发力。

第三是支撑服务能力及产业生态的问题,传统行业的互联化需要技术的有力支撑,包括互联网技术本身的升级、5G技术的发展、云计算的支持、物联网建设等。同时,新业态的快速发展与旧规制之间的不协调、安全保障低等问题都需要生态建设者各方的共同努力。

解决相关问题并推动制造业互联网化的关键点在于重构工业互联网。包括了网络层连接的可靠、快捷、安全(低时延、多并发、高精度、大容量);标识层解析的互通、细度、精度、可控、安全;应用层服务的多元、效率、深度(定位、云能力、分析力)。同时还需明确的是工业互联网的技术不是现在的以人为核心的"人联网"(Internet of People),而是信息物理融合系统(Cyber Physical System),是人联网、物联网和服务联网(Internet of Services)的集合,实质上是"软件化的工业技术+软件定义生产体系+优化重构的生产关系"。产业互联网化是一种化学反应,发生变化、产生效果都需要时间,需要各方的参与。产生的结果也可能有正有负,同时也需要参与的各方协作。

四、结语

互联网是当代经济社会发展新的基础设施,犹如二十世纪工业社会电气化进程中的电力网络一样,所有的经济社会活动都会转移到网络上来。互联网又是社会信息化的关键技术，具有汇聚众智、提升智慧的特征，成为引领经济社会发展的创新要素。当人口红利将逐渐让位于创新红利之时，企业无论是出于对自身利益的考虑，还是对自身承担社会责任的担当，促进中国传统产业的互联网化和转型升级，都需扮演好连接器、工具箱和生态建设者的角色。

第 3 章
产业互联网受瞩目：
互联网主战场从 ToC 转向 ToB

原文题目：《产业互联网受瞩目：互联网主战场从 ToC 转向 ToB|企鹅经济学》，作者陈永伟，发表于腾讯研究院微信公众号（2018 年 11 月 30 日）。

最近，要论在互联网圈最火的词，非"产业互联网"莫属。如今，言必提产业互联网，已成为互联网圈的一种风潮。

互联网的"上半场"已接近尾声，"下半场"的序幕正被拉开，当前这一论断已成为共识。部分业内人士更进一步指出，互联网的主战场正从消费互联网（ToC 或称 2C）向产业互联网（ToB 或称 2B）[8] 转移。

[8] ToC 和 ToB 也常被表示为 2C 和 2B，两类表述的实际含义一致。

随之，不少互联网企业表示要积极拥抱产业互联网，挖掘其中的商机。许多传统企业也表示，要利用产业互联网发展的契机，努力提升生产效率，实现企业转型。

那么，到底什么是产业互联网？它又为何会受到各界追捧？

一、并非新概念，早期应用领域限于工业

通俗地说，产业互联网就是互联网与传统产业的结合，是应用互联网技术进行连接、重构后的传统产业。

第一篇　产业互联网是数字经济新阶段

事实上，如果我们对互联网的发展有所了解，就会知道产业互联网并不是一个新概念。早在 2000 年，美国的沙利文咨询公司（Frost & Sullivan）就提出了有关产业互联网的设想。不过，由于技术限制，这一设想并未被广泛接受。直到 2012 年，通用电气公司（General Electric Company, GE）发布了一份报告，重新对这一概念进行介绍后，产业互联网的概念才逐渐被业界所重视。

在英文中，"产业"和"工业"是同一个词（Industry），并且最初的产业互联网的应用领域主要集中在工业，因此在早期的中文文献中，产业互联网也常被译为工业互联网。

后来，工业互联网的概念又与德国的"工业 4.0"概念相融合，逐步走进了各种政府文件和学术文献中。不过，如果我们重新回顾一下原始文献，就不难发现产业互联网的应用领域并不限于工业。至少在通用电气公司的报告中，它就涉及航空管理、医疗等领域。

目前，我国的第三产业已经占到了 GDP 总额的一半以上，而在第三产业中的很多行业，产业互联网的相关技术依然是适用的。从这个意义上讲，我们对产业互联网的理解不应该局限在工业领域，否则就有可能限制其发展。

二、可直接影响生产环节，促进效率提升

与消费互联网相比，产业互联网蕴含着更大的商机。

对此，我们可以从两者的连接数和 APP 需求量来窥得一些端倪。

消费互联网的连接对象主要是人与 PC、手机等终端，其连接数量大约为 35 亿；而产业互联网连接的对象则包括人、设备、软件、工厂、产品以及各类要素，其潜在的连接数量可达数百亿。从 APP 的数量上来看，整个消费互联网现有的 APP 总数只有几百万；而据估计，仅在工业领域，产业互联网的 APP 需求量可达 6000 万。

从对国民经济发展的影响来看，产业互联网的意义要比消费互联网更为重大。从功能上看，消费互联网主要通过连接消费者，帮助既有产品实现更高效的销售和流通。尽管它也会对生产环节产生促进效果，但总体来说这种影响依然是间接的、有限的。

相比之下，产业互联网对生产的影响则更为直接，也更为明显。通过借力互联网，应用大数据、云计算、人工智能等技术，传统企业可以更好地设计满足消费者需求的产品、更有效地组织生产、更快捷地实现产品的流通和销售，从整体上优化组织结构、提升生产效率。这对于促进新旧动能转换、实现产业优化升级、提升产业的国际竞争力都具有十分重要的意义。

三、诸多难点阻碍其发展，须政企联手攻克

需要指出的是，尽管产业互联网的潜力巨大，但相对

于消费互联网，其发展却比较滞后。这和产业互联网本身的特点有很大关系。

首先，产业业务链条长、服务模型复杂，不容易被复制。因此，虽然产业互联网作为一个整体潜力巨大，但具体到每个产业，其市场却相对较小，建设的规模优势不易被展现出来。

其次，产业互联网对产业组织的变革有着很高的要求。如果没有组织的系统性变革，单靠信息系统和技术来推动，产业互联网发展的难度会很大。然而，组织变革并非易事，难以在一朝一夕实现。

再次，产业互联网对基础设施和综合技术的要求较高，对资本的需求也更大。这些特点，都限制了产业互联网的快速发展。

针对这些问题，为了推进产业互联网的发展，政府、互联网企业和传统企业这三者之间应当开展密切合作。

首先，三者应协同探索产业互联网的底层结构标准。尽管每个产业都有不同特征，难以制定出完整一致的建设标准，但若可以求出"最大公约数"，将其作为底层结构标准，就能在基础设施的建设上实现规模经济，大幅降低建设成本。

其次，传统企业应着力对企业组织体系进行改造和创新，努力实现企业结构向扁平化、网络化方向转型，从而提高企业对新技术的适应能力。

再次，政府应通过产业政策对产业互联网的发展进行扶持，对相关基础设施建设和技术研发工作进行补贴。

第 4 章
数字经济与产业互联网发展

> 原文题目:《不确定性时代下寻找商业浮沉的确定性逻辑》,作者吴绪亮,发表于腾讯研究院微信公众号(2020年4月6日),有删节和修改。

一、数字经济与产业互联网发展历程

(一)中国数字经济的四个阶段

(1)1994—2001年:Web 1.0阶段。中国开始和世界互联网连接始于1994年,中国邮电部与美国商务部签订中美双方关于国际互联网的协议,并通过美国Sprint公司开通两条64K专线将中国的计算机与互联网连接。因此,1994年也被称为中国互联网的"元年"。但是互联网真正开始影响人们的日常生活要更晚一些。这个阶段主要的互联网公司是新浪、搜狐和网易。现在的BAT[9]在那个时候都还只是刚刚萌芽,腾讯于1998年底成立,1999年阿里巴巴成立,2000年百度成立,规模还很小。

> [9]BAT指Baidu(百度)、Alibaba(阿里巴巴)、Tencent(腾讯)。

(2)2001—2007年:Web 2.0阶段。2000年3月10日,美国NASDAQ指数到达5048点的顶峰后突然开始暴跌,这就是所谓的"互联网泡沫破灭"。在这段时间,很多中国互联网企业开始面临生死存亡的危机。那时候我大学毕业在深圳找工作,一听到互联网公司,有些人甚至都会认为是像传销一样的"骗子公司"。这个阶段还有一个特点是,博客和UGC(用户生产内容)模式开始兴起。

BAT 此时在与互联网跨国公司的激烈竞争中成长，包括百度和谷歌、QQ 和 MSN、淘宝和 eBay 等。

在这个阶段，移动互联网开始萌芽，功能手机比如黑莓手机出现。中国移动的"移动梦网"（Monternet）计划与互联网公司合作，通过互联网公司提供内容，让移动用户以短信息形式订阅互联网公司的内容服务来盈利，从而使得互联网公司的巨大流量终于有了一个变现的渠道。虽然这只是一个小小的变现渠道，但对于困境之中的互联网企业无异于"荒漠中的甘泉"。有人甚至说，没有移动梦网，也就没有现在中国互联网的市场格局。

（3）2007—2016 年：移动互联网阶段。在上一个阶段 BAT 的激烈竞争告一段落之后，很多行业观察者认为中国互联网市场结构已经固化，不太可能有新的商业机会的时候，殊不知，一个巨大的商业变革浪潮已经悄然来临。2007 年 6 月，苹果公司推出 iPhone 手机，同年 11 月谷歌公司推出 Android，开启了移动互联网的新时代。TMD（头条、美团、滴滴）等巨无霸企业迅速崛起，O2O[10] 和共享经济、移动支付等新模式推动新一轮的行业创业浪潮，同时微信这样的国民级应用也在这一阶段诞生。

此外，腾讯在这个阶段开始进行战略反思，专注于自己最擅长的领域，不擅长的领域就搭建平台和合作伙伴一起做，百度与阿里巴巴也都纷纷跟进走上开放之路，从而深刻影响了中国互联网的格局。

（4）2016 年至今：智能经济和万物互联阶段。从

[10] O2O（Online to Offline）是指线上营销、线上购买带动线下经营和线下消费模式。

第一篇 产业互联网是数字经济新阶段

2016年开始至现在，中国移动智能终端规模达到10亿台，并开始出现增速放缓，"人口红利"正在逐步消失。同时，随着移动端数据越来越丰富，人工智能的应用场景越来越多样化，从而开始成为行业热门。此外，随着线上"获客成本"越来越高，以及云计算、产业互联网的理念推广，线上线下融合的新模式开始发展起来，特别是智慧零售走在这一潮流的最前沿。

在这一阶段，从消费互联网向产业互联网的重心转移已经成为大势所趋，可以预计，未来产业互联网的市场体量一定会达到消费互联网的十倍乃至百倍之多。目前中国的云计算和产业互联网发展还略慢于美国，比如SaaS[11]领域目前中国的市场规模不到其四分之一。

[11]SaaS（Software as a Service，软件即服务）即通过网络提供软件功能化服务，而不是用户开发或定制软件。

此外，2019年6月6日，中国政府开始发放5G商用牌照，标志着中国5G"商用元年"的到来，这一切都预示着中国互联网市场新的发展机遇期正在来临。

这就是我们目前所处的时代节点。大家经常引用莎士比亚的名言"一切过往，皆为序章"。但我更相信，回溯历史可以更好地预测未来行业的变化。互联网的未来恐怕是最难以预测的一个行业，但也并非完全没有规律可循。我们现在行业里流行的那些互联网的思维、理论或方法论，比如平台为王、网络效应、得流量者得天下、免费第一、数据思维、极致思维、爆品思维、长尾经济、粉丝经济等，到底是"金科玉律"还是"伪命题"，可以通过回溯历史的方法来检验。大家可以设想，如果把自己置身于1994年以来的任何一个时间节点上，我们能够运用这些方法论去大体正确地预测到行业或某个垂直领域、某个明星产品下一步的发展趋势吗？

比如，如果数据真像很多业界人士说的那么容易形成市场优势，那么新浪、搜狐在历史上拥有绝对的数据优势，为何没能赢者通吃，反而在市场竞争中一点一点地被对手超越了呢？美团、头条和滴滴在数据稀少的情况下又是如何在 BAT 的架构中异军突起的呢？因此，在判断一个底层逻辑是否真的好用时，不妨把历史案例当作一个试金石。

（二）产业互联网

我们目前所处的这个时间点是 ABC（AI、Big data、Cloud，即人工智能、大数据、云计算）的时代。2017 年，马化腾先生在演讲中指出，未来企业的基本形态就是在云端用人工智能处理大数据，这是一个大方向。现在三年过去了，当初他所描述的趋势已经越来越明显。可以看到，在新冠疫情之下，云计算技术用得越好的企业，生产弹性或者说"韧性"就越大，对外部冲击的应对能力也越强。

2016 年以来，业内关于大数据、人工智能的讨论非常热烈，好像每周都有关于大数据的研讨会。其实大数据很早就有了，只是那时候不叫大数据，而是称为海量数据。人工智能技术讨论最早出现在 1956 年的"达特茅斯会议"，之后历经波折和发展。应该说，2016 年以来的人工智能热潮并非源于技术上的重大突破，而是大数据，特别是移动端数据的累积使得人工智能有了更具应用价值的场景。图

第一篇 产业互联网是数字经济新阶段

像识别、深度学习、自然语言处理、计算机视觉、算法推荐与决策优化等都是目前人工智能重要的应用领域。

大数据、人工智能和云计算一起将数字经济发展的重点从消费互联网推到了产业互联网这个新阶段。2018 年 9 月 30 日，腾讯宣布进行重大战略调整：立足消费互联网，拥抱产业互联网。之前腾讯更多的是服务像我们这样的 C 端个人用户，今后会进一步做好对机构端的服务，如 B 端企业和 G 端政府部门等，为他们提供企业级的服务，这个市场规模将是非常巨大的。

概括起来，产业互联网有三大领域：农业、工业和服务业。目前互联网公司在服务业和政务方面的数字化转型支持是做得最多的，包括零售、文旅、金融、医疗、教育等都取得了很多标志性的成果。零售是互联网企业关注最多的领域，腾讯和阿里巴巴都投资了不少线下的零售企业，比如永辉超市和盒马鲜生，并帮助他们进行数字化转型；文旅领域有"一部手机游云南"等标志性案例；医疗领域的"腾讯觅影"用人工智能技术来帮助医生分析医疗影像，在武汉协和医院等多家医院的抗疫中起到重要作用；教育领域有腾讯课堂，帮助学校在疫情期间做到"停课不停学"等。

工业领域是产业互联网的主战场，未来的市场规模也会非常大。工业领域在之前就已经有相当程度的信息化的基础，但是我认为，有时候这些信息化架构可能反而会成为这个领域进一步向数字化、网络化和智能化转型的包袱。相对而言，农业领域目前还是"一张白纸"，一旦达到一个市场应用的临界点，反而有可能出现爆发式的增长。目前腾讯正在和广东粤旺农业集团、新希望集团等农业企业开展战略合作，携手打造智慧农业平台和数字城乡生态圈。

二、数字经济与产业互联网的商业逻辑

数字经济未来新业态到底会如何演进，关键就是要看其底层的商业逻辑。《信息规则：网络经济的策略指导》的作者 Carl Shapiro 和 Hal Varian 说过一段话，大概意思是，每天都有人说信息经济领域的商业模式导致一些经济学的基本规则不适用了，但我们研究后发现，凡是这样说的人都是基本的经济学理论没有学好。我很认同这样的观点，信息经济的发展确实改变了一些我们看到的经济现象，但是底层最基本的经济逻辑并没有改变。当然，这取决于我们说的"最基本"的经济逻辑到底基本到什么程度呢？我们先来看互联网有哪些经济逻辑。

（一）网络效应

网络效应是业内经常提到的一个概念，指产品对于每个用户的价值与用户总数量高度相关，并且随着用户数量增长到"倾覆点"之后，就会出现一个产品占据绝对优势的情形。很少有人能真正理解这个问题，一方面认为许多产品具有很强的网络效应，另一方面又看到互联网行业里很多具有网络效应的产品又被其他产品替代了。很重要的一个原因是，从经济学基本模型来看，通过网络效应去实现绝对优势是需要符合一系列基本假定条件的，其中任何

一个条件不具备，这个结论可能就无法成立。

比如，首先一个假定条件就是产品同质化，也就是不管是产品的物理特征，还是产品所处的时间和空间位置，都必须是一模一样的。哪怕同样的产品处于不同的空间位置，比如一个在北京一个在上海，或者一个为黑色一个为白色，那么就不是产品同质化，而是产品差异化。

又如，社交产品一般会被认为具有非常明显的网络效应。我们知道，2011年以前，中国市场上最具有网络效应的社交产品就是QQ，拥有数亿的忠实用户。但是需要思考三点：其一，为什么那时候还有QQ之外的其他社交产品存在呢？其二，为什么2011年之后微信可以很迅速地在很大程度上成为主要应用？其三，为什么在微信这么流行的情形下，还有其他不同功能产品的存在呢？这里面最核心的一点就是，产品差异化的存在使得网络效应的作用大打折扣。实际上，在数字经济领域，由于用户转换成本很低，甚至很多时候用户直接就是多归属性的，即可以很低的成本同时使用多款类似产品，甚至可以简化到同时关注多个同类的公众号或使用同类小程序。那么，此时一个细微的产品差异化，就可能导致所谓网络效应的神话灰飞烟灭。这就是为什么互联网公司哪怕在市场中已经保持了领先地位，依然时刻如履薄冰、时刻需要警醒、时刻不忘创新的重要原因之一。

刚才我们讨论的都还只是需求侧的差异化，除此之外还有供给侧的差异化，也就是通常所说的一家企业具有什么样的"基因"。供给侧的差异化决定了一家大规模的企业在面临新市场、新机遇时是否有能力去占领这个市场。除了需求侧和供给侧差异化，还有用户是同质还是异质、需求是线性还是非线性、是单一市场还是多边市场、是价格决策还是质量决策、是一次性博弈还是重复博弈等很多假定条件。只有在一个相对完整的图景下，综合考虑各种力量的均衡效果，才能真正理解网络效应在每个商业场景中所起的真正作用，从而对推动商业变化的底层逻辑有更为深刻的理解。

（二）平台经济

另一个经常说到的是**平台经济**，以及它所依赖的双边或者多边市场理论。双边市场并不是新事物，甚至可以说，从人类出现经济活动以来一直都存在双边市场。比如最古老的集市，管理者对卖商品的小贩收费，但是对来买东西的人免费，从而产生交叉补贴。双边市场在数字经济时代的核心依然是交叉补贴。

一般来说，互联网企业的盈利模式除了像传统企业一样卖一件东西赚一笔差价的模式，还有两个特殊盈利模式：双边市场和增值服务。双边市场就是一边免费，另外一边收费，最典型的就是用户免费，对广告商收费，比如Google、Facebook、百度等公司的广告收入都占到营收的八成以上。增值服务就是基础功能免费，增强功能收费，经常表现为打包售卖的会员费形式。

据此，有些行业观察者就得出所谓的"互联网铁律"，即认为免费第一，互联网靠收费的模式一定走不远，或者

第一篇 产业互联网是数字经济新阶段

因为"不性感"而做不大。这就犯了教条主义的错误，是不可取的。实际上，从1994年到现在，没有哪家成功的互联网企业是没有盈利模式或者商业模式，仅仅靠免费一路走下来的。双边市场和增值服务不是互联网盈利模式的全部，也有很多互联网公司就是通过传统企业那样简单地一笔笔赚差价的方式取得了巨大的成功。因此，不管是什么模式，能持续产生收益、持续形成核心竞争力的就是好模式，千万不可不明就里地拘泥于一两个所谓的"铁律"。真正的"铁律"，必须有一个明晰的"铁理"。

做生意一定要收益大于成本，这是一个亘古不变的基本商业逻辑。就一家创业企业来说，对于未来的盈利模式可能存在不确定性，因此眼下先聚焦于做好产品，累积一定的用户量，而暂时不去考虑盈利模式。这是不确定性情形下的无奈之举，类似于先蒙眼狂奔一段，但不可永远地"两耳不闻窗外事"，终究还是要回答"油米柴盐酱醋茶"问题，要寻找到盈利模式。

当然，现在创业环境已经大大改善，风险投资市场更为发达，在线支付更加便捷，物流体系日益健全，一味埋头于做产品和累积用户就可以成功的概率大了很多。但是回溯历史，在二十年前的那个"草莽时期"，拥有好产品和海量用户却最终因资金链断裂而失败的创业案例数不胜数，只是他们的扼腕叹息被极少数行业幸运儿的荣耀繁华所淹没了而已。

此外，平台的概念现在被用得特别泛滥，似乎互联网公司不说自己是平台就会显得落伍了。那么，到底什么才算是平台？共享单车、网约车、电商……这些都算互联网平台吗？我认为，关于平台经济有两个基本的问题要厘清。其一，平台经济要具备双边市场或多边市场这个核心特征，也就是两个或两个以上有明显差异的市场主体进行互动才算平台。如果一个平台上只有一个主体的话，那么这就是一家传统的企业而非平台。其二，不宜"以平台论英雄"，不是平台照样可以成为超级英雄，关键还得看什么样的商业场景匹配什么样的商业模式。

用这个标准来看，共享单车如果只是自己采购一批单车通过网络方式租给用户使用，那么它和传统的单车租赁没有任何区别，并不是平台。对于网约车公司，如果是自己买了很多车、养了很多司机，通过网络方式来提供服务，那它也不是平台。如果它连接千家万户的司机和千家万户的叫车者，这才是平台。简单地说，平台是多对多，而不是一对多。类似的还有电商，如果一家电商企业自己去进货然后网上销售，那它只是一家线上的百货商店，也不是平台。如果它同时连接了千家万户的卖家和买家，那就是平台。

是不是平台本身并不影响一家企业的成功与否。以京东为例，一开始京东网只做自营，后面根据市场情况变化又适时引入第三方卖家转变成平台。自营与平台的孰优孰劣取决于不同的商业场景，自营意味着更好的把控和更高的效率，平台更有集思广益的优势，只有根据不断变化的内外部条件去寻找到最优均衡点的资源组织方式才是最优的商业模式。

（三）跨界竞争与行业颠覆

业界流行"流量为王"这个概念，似乎暗示着互联网公司只要有了流量，就什么业务都能去做，什么领域都能去跨，什么行业都可以去颠覆，从而成为"无边界企业"。这个说法似是而非，隐约有一点道理，但一旦上升到教条主义，不去思考底层的真正逻辑，也很容易产生误导。

为什么很多互联网企业的跨界看起来那么容易？实际上这样的跨界和传统经济领域所说的多元化经营战略本质上是一样的。如同多元化经营战略一样，互联网跨界能否成功取决于"范围经济"的贡献有多大。也就是说，如果一个企业在进行跨界竞争的时候，它的关键生产要素是可以共用的，那么就可以在成本上占据优势。

这里关键的一点是这个生产要素是否"关键"，也就是说这个生产要素在成本里是否占据主导地位，它的节约能否带来压倒性的竞争优势。可以说，所有跨界成功的互联网产品底层，都有关键要素的共享复用所带来的范围经济，比如流量、算法及其所依赖的工程师人才、计算能力、数据等。但是很显然，无论是从理论上推导，还是从过往案例中总结，都可以很清楚地看出这种范围经济的作用是有限度的，因此跨界竞争毫无疑问是有边界的。

（四）产业互联网的商业逻辑

发展产业互联网，美团是一个很有意思的案例。美团的业务天然地具有两重性，一方面它主要服务个人用户，属于消费互联网；另一方面它可以对餐馆进行数字化改造，比如到店服务、厨房革命、食材集中采购配送等。之前，美团更侧重于服务用户端，做消费者的信息匹配，但最近越来越重视对外卖行业供给端的数字化改造，实际上是餐饮行业的产业互联网化。美团 CEO 王兴在 2018 年 11 月参加第五届世界互联网大会时候，就做出这样的判断："需求侧数字化基本完成，供给侧数字化刚刚开始。"

2018 年下半年开始，各大互联网公司如腾讯、阿里巴巴、百度、美团等都开始重点推动产业互联网，腾讯甚至为此进行了公司战略和架构调整，"立足消费互联网，拥抱产业互联网"，并专门成立统筹产业互联网业务的云与智慧产业事业群。

互联网行业重心从消费互联网转移到产业互联网，这个临界点为什么会出现在 2018 年下半年？有两个最重要的原因：一是人口红利逐渐消减，2C 业务进入瓶颈期；二是移动互联网的发展，数据、算法、人工智能、云计算等技术的累积，让现在的互联网行业有了更强大的服务企业级用户的能力。

2C 到 2B 的转变以及 C2B 打通是行业发展的一个必然趋势。但是这个趋势在不同的行业领域到底以什么样的速度去演进，还取决于技术能力迭代和资源要素禀赋相对价格的变动，但毫无疑问，产业互联网的春风已经在我们的脸庞拂动。

（五）数字经济对基本经济学原理的挑战

刚才我讲到，数字经济并没有改变最基本的经济模式和商业逻辑，但这取决于我们说的"最基本"的经济逻辑到底基本到什么程度。我认为，奠定经济学大厦基础的一些硬核理念，比如供给与需求分析框架、边际分析、成本收益权衡（Trade-off）、最优均衡、社会总福利最大化目标等，并没有因为数字经济的到来而改变，甚至可以说永远不会被改变，改变的只是一些具体的应用场景和领域。就像北京大学平新乔教授在给《信息规则》写书评的时候说的那样，"面对'新经济'的叩见，现代经济学界如同一位在深山已经预先修炼了几十年的方丈，笑呵呵地道来：客官请坐，我等你已达50年了。"

但是，除了上述最硬核的经济学基本理念，不管是从研究对象、研究内容，还是从研究方法来看，数字经济对经济学研究的冲击都是非常大的，甚至我之前在一篇文章中用了"现代经济学的数字化革命"这个词语来描述。比如，如果将来的定价、销量、生产乃至整个市场交易的设计都由算法控制，那么算法是否能够实现自我迭代、自我演化而不完全遵从人的意志？在这样的情况下，经济理性人假设是否仍然成立是一个未知数，至少博弈理论需要大幅度地改写了。

此外，随着实时动态大数据的增长，以及在此基础上穷尽变量之间的关联性来进行预测的机器学习方法的运用，会对现有的基于从样本到总体估计的统计推断方法和基于因果关系推测的经济计量方法均构成重大挑战，甚至现有经济计量软件也将难以胜任而被一一淘汰。如何运用 Python 或其他语言去编写机器学习程序，很可能会像现在的计量经济学一样成为将来经济学博士们的必修课程。

三、数字经济的战略价值

现在，我们将视野拉到一个更宏大的维度，从两千多年的全球经济增长这个大背景下看数字经济与产业互联网的战略价值。

根据世界银行的测算，人类经历了数千年的经济停滞，直至最近二百多年才有真正意义上的经济增长。很显然，增长的动力并非是资源的突然增加，甚至也不是人口的突然增加。那么，是什么在推动经济突然之间快速增长呢？是蒸汽机技术大规模应用引发的工业革命！由此可见，科技是打开人类经济增长的钥匙。

面对突然而至的经济增长，一些经济学家很自然地开始提出这样一个问题，那就是经济增长是否会有一个极限？1968 年 4 月，来自美国、德国等 10 多个国家的 30 多名科学家、社会学家和经济学家在罗马集会，讨论未来人类面临的困境问题，并成立了一个非正式的国际学术团体——罗马俱乐部。1972 年，以丹尼斯·梅多斯（Dennis Meadows）为代表的一批俱乐部成员，发表了第一个研究报告，即轰动一时的《增长的极限》。他们认为，经济增长伴随着资源枯竭、人口膨胀等问题，人类社会迟早会迎来增长的极限。

这样的预测在当时曾一度引发社会上的恐慌。但是今天已经是 2020 年了，近五十年过去了，这个"极限"一直没有到来。为什么呢？原因还是在于技术！罗马俱乐部的学者们忽略了重要的一点，那就是同样的资源在不同的生产能力下可以生产出不同数量的产品。而事实证明，这个"不同"，或者用专业术语来说，全要素生产率的差异，大到超过了那个时代所有人的想象力。发现这个事实的经济学家是索洛（Robert Merton Solow），因此，全要素生产率也被叫做"索洛剩余"，他本人也因此于 1987 年获得诺贝尔经济学奖。给他的获奖评语有这么一句话，大概意思是，根据索洛方程，国民经济最终会达到这样一种发展阶段：在那个阶段以后，经济增长将只取决于技术的进步。

那么，科技到底是通过什么样的一个经济机制来提升资源的生产能力的呢？从本质上来说，科技对经济增长的影响可以拆解为两大类：第一类是"技术效应"，在资源数量和配置方式给定的前提下，科技进步的纯粹"技术性能"可以使得这些生产资源实现更多的产出。第二类是"配置效应"，科技进步通过改变生产关系和优化资源配置方式，使得资源利用效率得到了极大的提升。很多人看到的往往是科技的"技术效应"，而实际上"配置效应"对经济增长的影响在很多时候远远超过"技术效应"。

因此，能产生"技术效应"的技术固然重要，但能产生"配置效应"的技术往往才是推动经济持续快速增长的核心引擎。什么样的技术能产生更多的"配置效应"？往往是通用目的技术，最典型的就是十八世纪的蒸汽机技术、十九世纪的电力技术和二十世纪的信息技术。而我们所处的二十一世纪正迎来以数字技术为核心的新一轮技术和产业革命浪潮，正在推动经济社会整体的大规模变革、创新和经济持续增长。

七十年前，英国学者李约瑟在其编著的 15 卷《中国科学技术史》中提出了著名的"李约瑟难题"：尽管中国古代对人类科技发展做出了很多重要贡献，但为什么科学和工业革命没有在近代的中国发生？我认为，原因就在于那些技术虽然有一定的"技术效应"，却没有发挥出明显的"配置效应"。我们现在强调经济高质量发展，强调国家数字竞争力，就是因为，谁能抓住数字技术这个机遇，谁就能在未来成为强大的企业、强大的产业、强大的国家。

四、公共政策思考：中国做对了什么？

（一）中国做对了什么？

从全球数字经济发展格局来看，目前中国互联网行业不管从哪个角度来说都走到了世界前列，我们几乎没有其他的行业能在全球达到这样的规模、地位。全球目前领先的互联网科技公司，除美国之外，主要就是中国公司，整个欧洲几乎没有太大的互联网公司，印度、东南亚、日本、韩国等国家和地区有一些本土的互联网公司，但是规模还是有限。

第一篇 产业互联网是数字经济新阶段

北京大学周其仁教授在中国改革开放 30 年的时候写过一篇文章，题目叫《邓小平做对了什么？》。那么，我在这里也想问一个类似的问题，中国做对了什么才能让数字经济发展到这样全球领先的地步？

一个膝跳反应式的回答可能是，中国市场需求庞大，拥有最多的人口和强劲的消费能力。但是，如果是这个因素，其他行业为什么不能发展到这个地步呢，比如汽车领域几十年的"以市场换技术"，马路上跑的依然还是合资品牌居多；服装领域将"代工能力"发展到了极致，最有溢价能力的服装品牌依然是海外服饰品牌。此外，同样拥有海量人口的印度互联网行业为什么没有发展到今天中国这样的体量？

中国互联网为什么能够取得现在这个成绩，其实这个问题可以分解成两个子问题：其一，为什么是互联网行业而非其他行业能发展这么快？互联网行业本身的平台经济、网络效应、资源重新配置等行业特性是其快速发展的重要因素，服装、汽车等行业很难在一二十年内发展得这么快、发展到这个程度。其二，为什么是中国而非其他国家能抓住这个机遇？也就是说，中国做对了什么？

当然，回答这样一个宏大问题是非常困难的。我现在只是尝试将尽可能多的因素进行一个归纳，但要更深入地分析每种因素在其中的实际贡献程度，肯定还需要更多复杂的研究，也是一个很有价值的研究选题，值得在座的各位关注。

促成中国数字经济发展到现有状态的因素包括但不限于：全球几乎同时起步的机遇、本土化竞争优势、良好的信息化与基础设施、统一大市场与区域失衡带来的商品流通需求、移动梦网、在线支付、包容的制度环境等等。这里面既有客观的条件，也有主观的努力，既有一定的必然性，但也体现出非常多的偶然性。

比如，之前我们讲到，在互联网发展的第二阶段和第三阶段，中国几家大的本土互联网企业都面临来自海外互联网公司的挑战和激烈竞争，比如 QQ 与 MSN、淘宝与 eBay、百度与谷歌、滴滴与优步。在这些竞争中，几乎都是中国本土的互联网企业胜出，虽然胜出的原因各不相同。本土化竞争优势无疑是其中一个重要因素。如果有任何一家落败，那么，中国的数字经济市场就将重新改写，这一系列的偶然事件加在一起，成就了中国互联网行业现今的格局。

又如，良好的信息化与基础设施。我们现在讲新基建，实际上新基建不是现在才开始的，互联网本身就离不开光缆等电信基础设施。1993 年开始的中国"金"字工程，从"3 金"到"12 金"再到"16 金"，实际上就是经济社会各个领域的信息化改造，这为数字经济的发展提供了肥沃的土壤。我记得在数字经济发展的早期，第一阶段和第二阶段的时候，智能手机还没有普及，一开始甚至家庭电脑都还少见，但至少很多单位都有电脑、能上网了，这为数字产品的使用与普及提供了基本的条件。这一点在印度以及很多其他的发展中国家是没有的，这是中国数字经济早期发展很重要的一个基础。

再如，2000年底中国移动推出"移动梦网"业务的时候，主导者恐怕也万万没有想到，这一无心插柳的举动，某种意义上挽救了整个中国互联网行业。就像我前面讲的那样，2000年3月纳斯达克指数达到顶峰之后急剧下跌，全球互联网公司都笼罩在"互联网泡沫破灭"后的阴影下，网易、腾讯、盛大等等互联网公司都面临着生死存亡的危机。由于支付障碍，互联网公司流量无法变现，而"移动梦网"以短信资费分成方式打开了互联网增值服务的大门，为当时的互联网行业贡献了最重要的收入来源。

上面提到的促成中国互联网走到今天这个状态的诸多因素，如果有任何一个环节没有实现，中国的互联网行业可能都与现在的状态有非常大的差异。虽然很多时候都是"摸着石头过河"，但是能连续做对这么多真的很不容易。那么我们不禁要问，站在现在这个行业迈向产业互联网发展的新阶段，下一步我们怎么才能继续做对？

（二）下一步我们怎么才能继续做对？

在深入反思之前我们做对了什么的基础上，去思考下一步我们怎么才能继续做对，虽然很有挑战性，但还是有一些大致的轮廓可以勾勒。

首先，需要高度重视数字类基础设施建设的基础性和先导性作用。中央关于新基建的政策非常及时，很有战略性，可以为我们在产业互联网阶段能否继续保持领先地位构筑坚实的底层能力。当然，这里面通过什么样的机制去打造新基建，如何充分发挥市场机制和民营经济的作用还需要进一步形成共识，政府与市场如何实现有机平衡将考验我们的政策能力。

其次，需要深刻理解数字经济独特的商业逻辑。中国移动曾经的掌门人王建宙曾经说过这么一段话：如今的移动支付、微信等，中国移动十年前就想做了，但由于机制等问题最终搁浅了。这背后的根本原因在于，互联网行业的发展离不开企业家精神。企业家精神可以分解为三个要点：机会识别者、资源组织者、风险偏好者。虽然国有企业的管理者在前两个要点上未必不能胜任，但是机制决定了他一定不可能成为风险偏好者。目前中国领先的互联网公司，没有哪家不是经历过九死一生才能在市场上存活下来，没有谁在一开始就看准了盈利模式而顺顺利利走下来，没有哪个创始人不是风险偏好者。因此，只有深刻地理解商业逻辑，才能更好地发展数字经济。

再次，充分竞争是互联网行业创新发展的必由之路。中国的互联网行业不是靠政府保护下成长起来的，而是从激烈的竞争中成长起来的。公平的竞争环境，特别是国有企业与民营企业等各类市场主体的公平竞争，对于未来的数字经济发展至关重要。2016年国务院推动建立公平竞争审查制度，规范政府有关行为，防止出台排除、限制竞争的政策措施，逐步清理废除妨碍全国统一市场和公平竞争的规定和做法。根据公平竞争审查制度，各个行业主管部门在出台一个政策或制度的时候，必须要分析其对市场竞争的影响，应重点关注该政策或制度有没有与《反垄断法》的理念相冲突，特别是有没有公平对待所有市场主体。目前有些行业主管部门已经出现了既要当裁判员又想做运动员下场踢球的"冲动"苗头，这对数字经济的健康发展非常不利。

最后，监管的包容审慎与演化博弈。正如李克强总理在2017年6月的国务院常务会议上说的那样，"几年前微信刚出现的时候，相关方面不赞成的声音也很大，但我们还是顶住了这种声音，决定先'看一看'再规范。如果仍沿用老办法去管制，就可能没有今天的微信了！"虽然已经发展了二十多年，但中国数字经济依然还是新事物，还在与传统经济不断地融合创新，必然还会产生很多的问题。一方面，监管政策需要包容审慎，要有演化博弈的理念，要有弹性和动态性，要给予市场更多的空间和时间实现自我调节。但是另一方面，互联网发展到了现在这个程度，其对经济社会影响之深之广已无法忽视，因此，包容审慎并不代表着放任不管。治理和规范互联网要注意深刻理解行业发展的特性，要在全球数字竞争的大格局下来看待问题，如何灵活把握好监管与发展的平衡必将是一个值得长期探讨的重要话题。

第 5 章
产业互联网的内涵、模式和兴起原因

原文题目:《产业互联网的内涵、模式和兴起原因》,作者闫德利,发表于《互联网天地》(2019 年 06 期)。

一、产业互联网的内涵和特征

简而言之,产业互联网是以互联网的方式为产业主体提供相关服务的业态。马化腾在 2019 年两会[12]建议案中提出:产业互联网是以企业为主要用户、以生产经营活动为关键内容、以提升效率和优化配置为核心主题的互联网应用和创新。实践中,有四个概念与之密切相关,分别是消费互联网、工业互联网、产业数字化和"互联网+"。

(一)产业互联网和消费互联网

产业互联网和消费互联网的区别主要体现在服务对象、市场主角、市场结构和增长速度四个方面,如表 5.1 所示。

[12] 两会指 2019 年 3 月在北京召开的中华人民共和国第十三届全国人民代表大会第二次会议和中国人民政治协商会议第十三届全国委员会第二次会议。

表 5.1 消费互联网和产业互联网的主要区别

	消费互联网	产业互联网
服务对象	个人（2C） 改变生活方式	组织（广义的企业，2B） 改变生产方式
市场主角	互联网公司 此消彼长：互联网公司颠覆传统行业	传统企业 共生共赢：互联网公司作为传统企业的数字化助手
市场结构	赢者通吃，但不断受到新生事物的挑战	底层基础设施：相对通用 百花齐放的应用层：行业小巨头
增长速度	指数增长 沙滩捡贝壳	线性增长 深海采珍珠

来源：腾讯研究院，2019 年 4 月。

（1）**服务对象**。消费互联网的服务对象是个人（2C），改变人们的生活方式，面向的市场是 8.3 亿网民，以及中国的 14 亿人口。一般地说：产业互联网的服务对象是企业（2B）。严格地说，其服务对象是各类组织，包括企业、个体工商户、农民专业合作社等市场主体，以及政府、事业单位、社会团体等组织，它改变社会的生产方式。其中，我国市场主体数量有 1.1 亿户。

（2）**市场主角**。在消费互联网时代，互联网公司高歌猛进，获得了人们的广泛关注，被很多人认为是市场上的"主角"。凭借卓越的用户体验和快速的迭代创新，互联网不断颠覆传统行业，两者呈现出一定的"此消彼长"

关系。在产业互联网时代,传统企业成为真正的主角。互联网公司作为传统企业的数字化助手,凭借对行业的洞悉,帮助企业成功。两者变成共生共赢的关系。

(3)市场结构。人们喜欢用"赢者通吃"来描绘消费互联网的市场特征,但这只是一个暂时的状态,因为所谓的"赢者"不断受到新生事物的挑战。对产业互联网,底层基础设施具有较高的通用性,具备形成较高市场集中度的可能;而在应用层将会是百花齐放,每个细分行业都会有若干行业小巨头。例如,美国的HR机构、IT服务管理、财务管理、CRM服务等领域的代表性企业的市值可达到400亿美元以上,甚至超过1000亿美元。

(4)增长速度。消费互联网呈现指数增长,产业互联网多是线性增长。对市场难度,消费互联网如同"沙滩捡贝壳",产业互联网则像"深海采珍珠"。

当然,消费互联网和产业互联网并非泾渭分明、非此即彼,两者不仅是并列关系,还有递进关系——互联网正由消费互联网时代迈向产业互联网阶段,并渐呈融合之势,很多企业同时提供2B和2C的服务,它们往往根据服务对象不同来划分业务类型。例如,华为在财报中就把主营业务分为运营商业务、企业业务和消费者业务三类;美国财税软件巨头Intuit把业务分为三大部分:小微企业/自雇人士、消费者和战略伙伴(主要指专业会计师),2018财年它们分别贡献了50%、42%和8%的收入;微软Office 365和Adobe Creative Cloud均分别针对个人用户和商业用户,推出不同的产品和价格组合。

（二）产业互联网和工业互联网

（1）在英文中，产业互联网和工业互联网同根同源

工业和产业两个词语在中文语义中有着严格的区分，而在英文中两者是同一个词"industry"。相应地，不管是工业互联网还是产业互联网，英文均是"Industrial Internet"。人们通常认为，"Industrial Internet"一词是美国GE（通用公司）在2012年发布的"Industrial Internet: Pushing the Boundaries of Minds and Machines"白皮书中首次提出的。我国一般将"Industrial Internet"翻译成"工业互联网"。实际上，该白皮书不仅涉及电力、石油、天然气等工业领域，还包括航空、医疗、铁路等服务业领域。因此，从这个角度来看，把"Industrial Internet"翻译成"产业互联网"也符合GE白皮书的意思。

（2）工业互联网比较官方，产业互联网更市场化

《2015年国务院政府工作报告》中首次提到"工业互联网"；2017年11月，国务院《关于深化"互联网+先进制造业"发展工业互联网的指导意见》发布，意味着工业互联网正式成为政府的主要工作。此后，工业互联网相继被写入2018年和2019年《政府工作报告》。工业和信息化部是工业互联网的主管部门，近年出台诸多产业规划和措施推动工业互联网发展，例如发布《工业互联网发展行动计划（2018-2020年）》和《工业互联网专项工作组2018年工作计划》，并于2018年底成立中国工业互联网

研究院。

工业互联网比较官方，产业互联网则比较市场化。由于企业的服务对象往往不会局限于工业的某一个或某几个门类，服务业、建筑业和农业甚至具有更广阔的市场空间。因此除专注于工业领域的少数企业外（如海尔集团、航天云网等），其他企业更倾向于采用产业互联网的提法，腾讯、慧聪、找钢网、亚信、用友、金蝶等公司都将产业互联网作为发展战略。

两者并不矛盾，只是侧重点不同。工业互联网突出了政府经济工作的重点——制造业。《中国智能制造发展战略》中指出："制造业是国民经济的主体，是立国之本、兴国之器、强国之基。"而产业互联网则强调企业服务范围的全面性，以获得更多市场机会。就范围而言，工业互联网是产业互联网的重要组成部分。正如马化腾在 2019 年"中国（深圳）IT 领袖峰会"上明确指出的："工业互联网是产业互联网的主战场。"

（三）产业互联网和产业数字化

与工业互联网类似，产业数字化也是政府的工作重点。产业数字化的概念起源于数字经济。我国把数字经济分为数字产业化和产业数字化两部分：数字产业化，也称为数字经济基础部分，即信息产业，具体包括电子信息制造业、信息通信业、软件和信息技术服务业、互联网行业等；产业数字化，即国民经济各行各业由于数字技术应用而带来的产出增加和效率提升，也称为数字经济融合部分。

产业数字化是一个范围更加广泛的概念，类似于数字化转型。我们不管是发展消费互联网、工业互联网，还是产业互联网，都是推进产业数字化的重要手段。因此，产业数字化是过程，是目标；产业互联网是手段，是抓手。

（四）产业互联网和"互联网+"

"互联网+"和产业互联网的区别首先体现在强调的重点不同。"互联网+"强调的是"+"的动作，强调的是一种过程——互联网与经济社会各个领域的渗透融合。产业互联网强调的是结果——互联网与产业深度融合的产物即是产业互联网。在范围上，两者也有大小之别。理论上，"互联网+"可以"加"万物，例如经济、文化、政治、社会、军事等。产业互联网则属于经济范畴。

二、产业互联网的主要模式

美国是互联网的发源地，消费互联网领先全球，以 FAANG（Facebook、Amazon、Apple、Netflix、Google）五家公司为典型代表。不为众人所知的是，美国的产业互联网同样实力不凡，不仅有 Amazon AWS 和 Microsoft Azure 两大云服务明星等业务，还有 Salesforce、Intuit、ServiceNow、Workday 等众多细分领域的明星企业，与消费互联网呈齐头并进之势，如表 5.2 所示。

表 5.2 国外产业互联网领域主要代表企业

序号	企业	国家	行业	成立时间	市值（亿美元）
1	Oracle	美国	数据库软件	1977	1919
2	SAP	德国	管理软件	1972	1378
3	IBM	美国	信息技术服务	1911	1250
4	Salesforce	美国	CRM	1999	1249
5	Intuit[13]	美国	财务软件	1983	668
6	ServiceNow	美国	ITSM	2004	435
7	Workday	美国	财务和HR	2005	413
8	Autodesk	美国	设计软件	1982	340
9	Square	美国	移动支付	2009	316
10	Atlassian	澳大利亚	协作软件	2002	260
11	Shopify	加拿大	购物车系统	2004	230
12	Splunk	美国	机器数据分析	2003	200
13	Veeva Systems	美国	医疗SaaS[14]	2007	180
14	Twilio	美国	云通讯	2008	160
15	DocuSign	美国	电子签约	2003	95

数据来源：腾讯研究院收集整理，截至 2019 年 3 月 19 日。

[13] Intuit 来自 2B 和 2C 的收入各占一半。

[14] SaaS（Software as a Service），指软件即服务。

第一篇 产业互联网是数字经济新阶段

美国的产业互联网发展与消费互联网几乎同步，在 2000 年前后迎来第一次发展高潮，目前已形成一个重要的、规模庞大的市场。与消费互联网相近单一的个人用户需求不同，产业互联网主要提供企业服务，每个企业所处的行业、规模和发展阶段不同，面临的痛点和需求业就不一样，这导致企业服务的多样性和复杂性，人们难以用简洁的语言就产业互联网的类型进行严格准确的划分和描述。大体来说，产业互联网主要有三类：

（1）云基础设施服务：包括 IaaS[15]、PaaS[16] 和托管私有云服务，主要由大型软件厂商和互联网公司提供，例如 Amazon AWS、Microsoft Azure、IBM Cloud、Google Cloud Platform、阿里云和腾讯云。其中，腾讯云近年的发展十分引人注目。根据美国 Synergy Research 数据，2018 年腾讯云以 102.6% 的收入增速位列世界 Top10 厂商中的首位，市场份额首次超越 Google 位居世界第四位。

[15] IaaS（Infrastructure as a Service），指基础设施即服务。
[16] PaaS（Platform as a Service）指平台即服务。

（2）企业级 SaaS：它涉及企业生产经营活动的各个方面，相对通用的主要有 CRM（客户关系管理）、HR（人力资源管理）、ERP（企业资源计划）、FM（财务管理）、IM（即时通讯）等。也不乏专注于垂直细分行业的 SaaS 厂商，例如美国的 Veeva Systems 就是专注于生物医疗领域，企业的市值高达 180 亿美元。就企业背景来看，企业级 SaaS 主要由两类：一类是企业软件厂商由授权许可模式向订阅付费模式的云化转型，以 Oracle 和 SAP 为代表；二是独立 SaaS 厂商，例如：CRM 领域的

Salesforce、ITSM 领域的 ServiceNow、HR 领域的 Workday，它们大多在本世纪前十年成立。在我国，企业级 IM（即时通讯）是一个竞争激烈、发展迅猛的细分领域，以企业微信为代表。截至 2018 年底约有 80% 的中国 500 强企业已成为企业微信的注册用户。

（3）B2B 交易服务：企业级 SaaS 主要提升企业在人、财、物等领域的管理效率，B2B 交易服务主要围绕电商和支付环节展开，以提升企业的交易效率。例如：中小企业支付服务商 Square、购物车系统 Shopify、代运营服务商"宝尊电商"、零售科技服务商"有赞"和"微盟"、B2B 交易平台"找钢网"等。

三、产业互联网：我国互联网发展的弱冠之礼

美国互联网以消费互联网和产业互联网"双腿跑"的方式向前发展。我国则是消费互联网一枝独秀，产业互联网刚刚起步，呈现出"单脚跳"的特征。我国产业互联网是在消费互联网蓬勃发展 20 年后才开始萌芽、兴起，是互联网迈向成熟的"弱冠之礼"。[17]

[17] 中国古代，男子 20 周岁时举行冠礼仪式，以示男子"成年"。弱冠解为自谦，暗喻男子此时还不强壮。弱冠之礼解为"20 岁成人之礼"。

（一）2014 年：产业互联网的萌芽之年

1994 年，我国全功能接入国际互联网。中国知网发布的数据称，二十年后，即在 2014 年，我国首次才出现以"产业互联网"为题目的论文。在中国互联网协会的推动下，以"产业互联网"为主题的大会也在 2014 年首次召开。

2014年11月在中国高新技术论坛上，中国互联网协会理事长邬贺铨、副理事长高新民分别就产业互联网做了主题演讲。同年12月，由中国互联网协会主导的首届"中国产业互联网高峰论坛"在上海举行，至今已连续举办五届。

2015年，以工业和信息化部和国务院发展研究中心为代表的政府部门开始研究并推动产业互联网工作，产业互联网应用进一步深化。2015年4月在第三届中国电子信息博览会上，工业和信息化部电子情报研究所、国家信息中心等38家发起单位举办中国产业互联网发展研讨会暨中国产业互联网发展联盟发起倡议仪式，6月联盟正式成立。该联盟接受工业和信息化部指导。2015年5月，国务院发展研究中心市场经济所主办产业互联网发展与政策座谈会，时任副主任的刘世锦参加会议并致辞。国务院发展研究中心还成立了"产业互联网课题组"，开展了多场调研活动。

（二）2018年：产业互联网的兴起之年

经过2014—2015年的萌芽阶段，我国产业互联网在2018年开始兴起。2018年9月30日，腾讯公司在即将迎来20周岁生日之际，启动新一轮战略升级，提出"扎根消费互联网，拥抱产业互联网"，从而提升了产业互联网的热度。时距我国消费互联网第一次发展高潮整整20年。二十年前的1998年是我国消费互联网的兴起之年，腾讯、搜狐、新浪、联众等众多公司纷纷创立。2014年产业互联网萌芽，2018年产业互联网兴起，这是我国互联网迈向成熟的"弱冠之礼"。

四、产业互联网为何在 2018 年兴起？

受益于"人口红利"，我国消费互联网蓬勃发展，诞生了腾讯、阿里巴巴、百度等一批全球领先企业，我国成为唯一在消费互联网领域可与美国比肩的国家。也正是因为拥有巨大的消费互联网市场，使得企业服务显得不那么重要，长期以来产业互联网未得到足够重视。2018 年，人口红利逐渐弱化，企业红利形成，加之企业本身因素，三大原因交汇融合，共同决定了产业互联网时代的到来。

（一）人口红利弱化，倒逼企业重视效率提升

据中国互联网络信息中心（CNNIC）发布的数据[18]，截至 2020 年 3 月，我国已有 9.04 亿网民，普及率达 64.5%；网民平均每周上网时长高达 30.8 小时，是 40 小时工作制的 77%。消费互联网的"天花板"日趋显现，竞争日益激烈。另一方面，根据国家统计局数据，我国新生儿数量在 1998 年出现拐点——新生儿数量由每年 2000 多万（1981—1997 年）降到 2000 万以下，并持续至今。新生儿数量直接影响 20 年后的新生劳动力数量，这意味着新生劳动力数量在 2018 年迎来拐点——新生劳动力数量开始大幅减少，企业用工成本迅速提升。这倒逼企业通过技术手段来提高效率，产业互联网发展具备了内在动力。

[18] 本书定稿时，更新为 2020 年 4 月 CNNIC 发布的数据。

（二）企业服务领域潜力巨大，新市场红利悄然形成

消费互联网的潜力依赖于网民规模，产业互联网的发展则基于企业数量。我国人口红利削弱的同时，企业红利悄然形成。我国不仅是世界第一人口大国，市场主体数量也居世界第一。根据国家市场监督管理总局发布的数据，2018年3月16日我国市场主体数量迈入"亿户时代"，截至2018年底已达1.1亿户。其中，企业有3474万户，全年平均每天新增近2万户企业。除此之外，我国还有众多政府部门、学校、事业单位、社会团体等组织机构，它们在数字化方面与企业有着类似需求，与1.1亿市场主体共同构成了产业互联网的服务对象。我国潜在的企业服务需求巨大，远远未得到开发和满足，未来市场空间不可限量。

同时，"数字原住民"（Digital Native）在职场中日益成长壮大，80后进入管理层，90后迈入职场渐成骨干。这一代工作群体多是互联网原住民，他们更喜欢接受信息化的工作方式，订阅付费的意识更强，更愿意拥抱产业互联网的变革。

（三）多种原因，诸多问题在2018年集中爆发

2017年，我国互联网公司高歌猛进，市值普遍大涨，多数在2017年年底至2018年上半年达到市值历史最高峰。2018年特别是下半年，则进入下跌通道。如表5.3所示。

表 5.3　我国主要互联网公司在 2017 年和 2018 年的股价增速

序号	公司	2017 年股价增长率	2018 年股价增长率	市值最高时间
1	腾讯	115.7%	−23.5%	2018.1.29
2	阿里巴巴	96.2%	−19.3%	2018.6.5
3	网易	64.5%	−30.9%	2017.12.21
4	京东	63.6%	−47.6%	2018.1.29
5	百度	42.8%	−30.8%	2018.5.16
6	携程	10.3%	−38.6%	2017.7.27

数据来源：腾讯研究院，2019 年 4 月。

同时，一些负面问题开始集中出现，引起了全社会的高度关注。"穷则变，变则通，通则久。"在外部环境大好的情况下，企业往往会比较容易获得满意的业绩，主动求变的动力不足，组织变革的条件不成熟。2018 年，互联网公司业绩的普遍下滑，负面社会问题的集中涌现，为战略转型产业互联网创造了客观条件，也提供了外部动力。

第二篇
产业互联网的演进路径

产业互联,未来将至。随着产业互联网成为数字经济新阶段,我们要深刻把握其商业逻辑和演进规律,积极探索其发展路径和创新模式,充分释放产业互联网对国民经济的放大、叠加、倍增作用。

产业互联网

第 6 章
产业互联网的商业逻辑

原文题目：《产业互联网的商业逻辑》，作者司晓、吴绪亮，发表于FT中文网（2018年11月15日），文字有少许修改。

[1] 指于 2018 年 11 月 7 日在浙江乌镇举行的第五届世界互联网大会。

在刚刚结束的第五届[1]世界互联网大会上，产业互联网成为了热门话题。到底什么是产业互联网？产业互联网突然成为行业新宠，其背后的商业逻辑是什么？它是否还会和消费互联网采取相同的发展模式？未来它将如何重塑行业格局与数字生态？在浪潮汹涌而来的时刻，这些基本的问题值得静下心来细细思考。

一、产业互联网的概念审视

关于产业互联网、工业互联网等等概念的关系业界存在不同看法，产业互联网甚至被一些人误解为是伪概念。

在二十世纪八十年代的中国经济学界曾经发生过类似的小插曲。当时有一门很重要的经济学科，英文是 Industrial Economics，受计划经济影响被学者们翻译成了"工业经济学"专业。

后来大家不断阅读文献才发现弄了个大乌龙，原来这个 Industrial Economics 并非专门研究工业，实际上各个行业的产业结构、竞争策略与绩效等等都是它的研究领域，因此后来的招生专业全部改为了"产业经济学"。

三十年后的今天，实业界又陷入了同样的困惑。

实际上，英文语境里根本就没有工业这个概念。中文的工业大体等同于西方国家所说的制造业（Manufacturing Industry），虽然在统计上二者还稍有出入（比如统计口径中工业往往还包括采掘业等）。

因此，国际通用的 Industrial Internet 应该翻译为产业互联网，即互联网为包括制造业（或工业）、金融、零售、医疗、交通、城市管理、政府服务等等在内的各行各业服务。

如果说消费互联网类似于银行业所说的"对私业务"，那么产业互联网就类似于银行的"对公业务"，而工业互联网则是产业互联网的一个（可能是最为重要的）子集。业界还有人将产业互联网形容为国民经济中"供给侧的数字化变革"，意思也都是一致的。

二、互联网发展的边界

产业互联网为何在此时受到业界关注？要探讨这个问题，我们可能首先需要思考一个更基本的话题，即互联网发展的边界在哪里，或者说互联网到底可以做什么，但同时它做不了什么。

很多人对互联网有一种近乎神化的看法，觉得它好像无所不能，渗透到什么领域都可以颠覆那里的商业模式。真实的商业观察结果远远不是这样的情况。

例如，关于互联网经济最常见的一个概念可能就是网络效应。按照经济学理论，网络效应似乎非常简单易懂，即只要存在网络效应，那么只要达到一个临界点（学术概念称之为"倾覆点"），整个市场就必然是一家独大、唯此一家了。但实际上这个理论所描述的情景在现实的互联网任何一个细分市场中从来都没有出现过。

这是为什么呢？因为理论上的网络效应产生需要很多的假定条件，比如所有的产品或服务必须都是同质化的，即一模一样的。当这个假定不能实现的时候，比如两款产品存在一定的差异化，那么模型的推导可能就会出现截然不同的结论。

而当我们从理论回到真实的商业世界的时候就会发现，纯粹的同质化产品少之又少，反而差异化产品比比皆是，因此网络效应很多时候就成了一个心向往而不能至的海市蜃楼。类似这样被误解的经济学概念还有非常之多。

中国互联网公司让人引以为豪的往往是其不断攀升的市值，在全球科技公司市值排名非常靠前。目前全球市值前二十的互联网公司只有中国和美国两国的企业，这个成绩确实来之不易，因为在其他行业领域很少能看到这样的现象。但是，2018年下半年，主要互联网公司的股价普遍出现明显下跌。

从这些观察中我们可以发现，互联网公司远远没有我们之前想象的强大和战无不胜，远非一些人认为的以轻易颠覆很多传统行业。

按照之前一些盲目乐观的理解，互联网公司因为具有平台效应、网络效应、规模效应等等，可以不断地跨界颠覆，比如有人建议腾讯基于微信十亿用户的优势去做一款企鹅手机肯定能大获成功，阿里巴巴基于电商的优势去进入服装制造行业也必然会获取高额利润，但真实的商业逻辑完全不是这样，这是行业之外人士往往难以理解的地方。

因此，在商业价值链上，互联网有其独特的价值，但也有其不可避免的局限性。正如诺贝尔经济学奖获得者罗纳德·科斯（Ronald Coase）指出的，企业与市场之间有一条理论的边界，互联网的发展和其他任何一种技术能力一样也都存在一条理论上的能力边界。

三、互联网的本质

探索互联网的边界，我们需要再进一步思考一个更为基本的话题，即互联网的本质是什么？有人说互联网的本质是以免费和双边市场为主要特征的平台经济，这是一种表象的观察。

这样说原因有二：其一，互联网不是平台的唯一应用场景，最远古的集市管理者就是采取的平台模式；第二，平台也不是互联网的唯一商业模式，比如共享单车就是用互联网技术来提供租车服务，并没有表现出明显的平台特征。只不过由于互联网技术的发展，某些在线服务的边际成本趋近为零，从而实现了超级范围经济，使得"一边免费一边收费"的平台模式在互联网时代迅速流行起来。

追根溯源，互联网的本质是提供信息，解决信息不对称问题。信息在经济学世界里具有极其重要的价值，包括乔治·斯蒂格勒[2]在内的多位诺贝尔经济学奖获得者的重点研究方向正是信息。因为互联网能够提供信息服务，所以可以在很多行业领域重新配置资源和重塑商业模式，从而推动该领域出现翻天覆地的变化。

概况来说，信息的商业价值可以总结为四个方面。

第一，信息可以匹配需求和提升需求，"网约车"在这方面表现得尤其明显；

第二，信息可以降低成本和提供效率，特别是基于流量、大数据、算法、算力等关键要素所产生的范围经济；

第三，信息还可以帮助构建信用和信任体系，这一点对于类似金融这样的行业具有极为重要的商业价值，而基于互联网的区块链在未来更是具有无限的商业想象空间；

第四，基于信息平台可以产生各种通用的新技术和新服务，比如人工智能、自动车辆驾驶、区块链、物联网、共享经济等等，实际上互联网公司在美国经常被称作科技公司，正是来源于此。

四、产业互联网的商业逻辑

厘清了互联网的本质，也就厘清了互联网的边界，从而也就可以厘清产业互联网的商业逻辑。既然互联网的本

[2] 乔治·斯蒂格勒（George Joseph Stigler, 1911—1991年）美国著名经济学家、经济学史家，1982年获诺贝尔经济学奖。

质是提供信息，解决信息不对称，那么在信息不对称严重的行业领域，或者在信息可以发挥很大作用的地方，互联网就可以产生很大的价值和影响力，极端情况下甚至可以出现颠覆性的变化。

但是，信息不对称并不是所有行业面临的核心问题。我们也可以观察到在很多领域，比如传统制造业，信息暂时还不是其面临的核心商业障碍，那么互联网短时间内就很难发挥作用。基于这样的一个商业逻辑，我们就可以清晰地看到互联网的能力边界。

纵观历次产业革命的历史不难发现，通用技术融入各个产业都有一定的规律，从来都不是以同样的节奏推进，背后都有其基于成本收益比较而形成的基本商业逻辑。

为什么当前出现从消费互联网向产业互联网转型的趋势？其背后的商业逻辑正是互联网所能提供的信息服务，以及基于这些信息平台的新技术和新服务，融入各个行业的节奏是有差异的。

随着人口红利消失，以及人工智能、大数据、云计算、物联网等等新技术的日趋成熟和进入商用阶段，信息进入消费互联网与产业互联网的相对成本收益情况逐渐发生了质的变化，从而推动产业互联网开启数字经济的下半场。

那么，产业互联网是否还会和消费互联网采取相同的发展模式？未来它将如何重塑行业格局与数字生态？

之前流行的提法是互联网+，或者是赋能，感觉互联网技术就像上帝之手，一触碰到哪个行业就可以颠覆性的改变它。现在业界在反思这种观念，正如马化腾先生不久前所说的，腾讯要做各行各业的数字化助手，就像一个工具箱一样，助力传统产业进行数字化变革而不是去颠覆它。这个理念不单单是源自谦卑和低调，而是反映了其深刻的商业逻辑。

随着互联网业务发展的重点从生活消费领域转向产业领域，互联网这项通用技术在各个产业领域价值链中的位置会不断变化。成千上万的传统企业在各自的细分产业领域，在各自的细分区域市场，都有其独特的竞争优势。

未来的产业互联网发展模式必将不同于消费互联网，互联网不可能成为各个传统产业领域的颠覆者，而只能是专业的数字化助手。比如，最近腾讯在传统零售领域有很多布局，但同时也明白传统零售企业在各个细分领域和区域市场都有其不可替代的独特优势。

因此腾讯没有选择去直接做零售，而是要做传统零售业的数字化助手，协助传统零售企业进行数字化转型升级。因此，在传统产业数字化转型升级、资源优化配置和价值链重构的滚滚潮流中，互联网公司将贡献自己一份独特的价值，共同推动形成一个竞争充分、创新活跃、繁荣共生的产业森林。

第二篇　产业互联网的演进路径

第 7 章
产业互联网的演进规律

原文题目：《产业互联网的演进规律》，作者司晓、吴绪亮，发表于《清华管理评论》（2019 年 04 期）。

互联网行业的发展正在从消费互联网转向产业互联网。2018 年 9 月底以来，腾讯、阿里巴巴、百度等互联网领军企业纷纷调整升级组织架构，强化 2B 业务，拥抱产业互联网。这一行业观察背后隐藏着三个相互关联且意蕴深刻的问题：

问题 1：产业互联网的发展为何一直滞后于消费互联网？

问题 2：互联网领军企业为何在这个时点扎堆瞄准产业互联网？

问题 3：未来产业互联网的发展将会朝着哪些方向演进？

对这三个问题的思考和回答，将是引领我们洞察产业互联网演进规律的关键路标。

一、通用技术扩散非均衡："连接"推动消费互联网蓬勃发展

我们可以将第一个问题变换一种形式来析出重点，即互

联网作为一项新的通用技术（Generic Technology），为何首先在消费互联网领域取得了广泛应用，而在产业互联网领域却相形见绌？实际上，如果我们回顾历史就可以发现，从"蒸汽机革命"到"电力革命"再到"信息技术革命"，历史上每一个重大通用技术在应用到各个产业的时候，都会表现出速度和程度上的非均衡状态。创新经济学家们从技术扩散的机理角度对此进行了大量的研究。

按照熊彼特[3]的观点，创新可以简单被定义为建立一种新的生产函数，而企业家的职责就是实现生产要素和生产条件的"新组合"（New Combinations）。在熊彼特关于创新理论研究的影响下，学术界通常将技术变革分为发明、创新和扩散三个阶段。通用技术只有实现了扩散，才能真正在各行各业体现出技术创新的价值。通用技术的扩散既有伴随价值流动或无价值流动的知识扩散，也有以技术、产品和服务形式的扩散，既有市场利益自发驱动的扩散，也有政府意志推行的扩散。技术扩散理论的开拓者之一、美国宾州大学曼斯菲尔德（Edwin Mansfield）通过对四个行业中的12项技术扩散过程进行实证考察，提出了著名的S形技术扩散模型，揭示了技术扩散的演化动态学原理。

就市场利益自发驱动的扩散来说，某一产业领域的市场竞争强度、空间布局结构、扩散网络结构、产品差异化程度、消费者价格敏感度、创新利用率、监管环境等等因素都可能影响到某项通用技术在该产业领域的扩散速度和程度。比如，大量的实证研究表明，当市场上产品同质化

[3] 约瑟夫·熊彼特（Joseph Alois Schumpeter, 1883—1950年），美籍奥地利政治经济学家，为"创新理论"的奠基人，其最著名的著作是《经济发展理论》。

程度越高的时候，各家企业越有动力吸收来自其他企业的技术溢出，因此技术扩散的效率就越高。

回顾中国互联网二十余年的发展历程，互联网技术在哪些领域取得了显著成功？典型的领域包括电商、社交、搜索、资讯、共享经济、本地生活等等。在这些领域，互联网技术适用的业务内容和商业模式可谓千姿百态，但究其本质，其发挥的价值主要体现在一点，即"连接"，包括人与人的连接，人与信息的连接，人与商品的连接，人和服务的连接。

互联网技术的核心功能是"连接"，而连接的一个显著价值是解决信息不对称，或者说提供和匹配信息。从社交到电商，从搜索到资讯，从本地生活到共享经济，互联网领域过去二十多年的蓬勃发展，可以说主要都是基于互联网连接所带来的信息提供和匹配的技术力量。

但是，互联网连接作为一项通用技术，其在经济生活各个产业领域扩散的速度与程度相差很大，这是因为连接所带来的信息提供和匹配价值并不能解决所有产业面临的核心问题。比如，对于大型飞机制造产业来说，其所关心的显然不是消费互联网领域一直所擅长的如何去找到分散在千家万户的买家信息并进行匹配。因此，一个最基本的判断是，互联网连接技术的扩散更适于那些需求信息高频且分散的商业领域，这是产业互联网的发展一直滞后于消费互联网的商业逻辑之一。

那么，互联网领军企业为何在2018年这个时间点纷纷调整战略方向,扎堆瞄准产业互联网?中国互联网行业在这个时点转向产业互联网,背后有两股不容忽视的重要力量在"推"和"拉"。

"推"力是近年来所谓互联网领域"人口红利"的迅速消失,标志性事件包括 2016 年中国网民数量增长速度首次出现下降[4],以及 2018 年微信月活跃用户量全球已突破 10 亿大关。"拉"力则为移动互联网发展带来的数据量暴增,以及与此相关的人工智能、大数据和云计算等等技术逐渐展现威力。随着 5G 于 2019 年开始陆续商用,万物互联的 IoT 时代正快步向我们走来。我们身边的智能设备将会成百倍增加,更多的设备信息将被数据化并汇聚到云端进行智能运算,从而更多产业层面的商业价值和商业模式将被创造出来。

二、连接技术与 ABC[5] 技术:互联网经济大幕才刚刚拉开

如果我们将互联网的价值仅仅局限于连接技术,那么可能就会一叶障目不见泰山。在过去二十多年里,互联网连接技术迅速扩散进经济生活很多方面,确实造就了数不清的财富英雄,但这实际上还仅仅只是互联网经济这场"百年难遇之大戏"的序曲,更为宏大的场景正在我们面前徐徐展开。

来看一个最新的行业案例。2018 年 3 月,荷兰瓦赫宁根大学面向全球发起了一场大型农作物养成与模拟经营类

[4] 在经历短暂下降后,2019 年和 2020 年网民数量又恢复增长,但增长速度降低。——编辑注

[5] ABC 指人工智能(Artificial Intelligence)、大数据(Big Data)和云计算(Cloud Computing)。

挑战赛——种黄瓜。一支由腾讯人工智能实验室和农业科学家联合组成的名为 iGrow 团队参加了比赛。和传统的黄瓜种植过程比，iGrow 团队搭建了一个农业人工智能系统，通过创新的强化学习方法进行判断和决策，再驱动温室里的设备元件完成。最终 4 个月里 iGrow 收获了 3496 公斤黄瓜，无论是产量还是自然资源利用率都显著优于传统种植方法。

再来看另一个案例。乳腺癌是威胁女性健康的第一杀手，而防治乳腺癌的最佳方式是早发现、早治疗，早期乳腺癌治疗后的五年生存率可以达到 92% 以上。中山大学附属第一医院吕伟明教授团队与"腾讯觅影"开展 AI 影像合作，在 2018 年 7 月牵头推出了乳腺肿瘤筛查 AI 系统，首次在国内利用互联网技术实现了乳腺肿瘤的良恶性判别，并自动生成乳腺影像报告和数据系统分级报告。该系统检测乳腺钙化和恶性肿块的敏感度分别达到了 99% 和 90.2%，对乳腺肿瘤的良恶性判别敏感度和特异度达到了 87% 和 96%，在检测病灶的核心指标方面显著优于传统的单纯医生人工筛查。

在上述两个案例中，互联网连接的价值在其中表现的并没有那么直接和明显，体现出来的技术能力主要为数据模拟与图像识别。当然，互联网连接技术依然是隐藏其后的能力之源，因为没有连接就没有数据，没有数据则相应的数据模拟与图像识别能力就无法发挥。

由此可见，互联网通过连接形成了两大方面的技术能力：一种是连接本身的能力，我们将其界定为"连接技术"，它的价值主要体现在通过连接实现信息提供和匹配；另一种则是在连接所产生的数据信息基础上进一步衍生出来的各种新的通用技术，目前阶段人工智能、大数据和云计算为其典型代表，因此我们称之为"ABC 技术"。

如果我们将互联网发展分为上下两个半场，那么可以说，上半场所依赖的技术能力主要为连接技术，它有力推动了消费互联网领域的蓬勃发展。而随着技术能力迭代和资源要素禀赋相对价格的变动，下半场无疑将会成为 ABC 技术融合应用的广阔舞台，产业互联网的春风正向我们扑面而来。

三、零售业数字化变革：连接技术与 ABC 技术在这里交汇

如果非要找一个产业领域来同时观察连接技术与 ABC 技术是如何各自发挥作用以及次第展开的，可能没有比零售业更好的案例了。零售产业的数字化变革之路，实际上就是一部从连接技术升级至 ABC 技术、从消费互联网扩展前进到产业互联网的浓缩史。

可以说，从互联网发展起来的第一天开始，以连接商品与千家万户消费者为核心特征的电商领域就成为数字淘金者们梦寐以求的天然宝藏。2000 年以来，以淘宝、京东、拼多多为代表的大量电商平台先后不断涌现，你方唱罢我登场，无数的"造富故事"让人们深刻感受到了互联网连接技术的魅力。苏宁、国美、物美等受到严重冲击的实体

零售店企业很快也反应过来，顺势布局线上业务。此为零售业数字化变革的上半场。

2017年以来，零售行业发生了一个显著的变化，即以腾讯、阿里巴巴为典型代表的互联网领军企业不断通过投资收购、参股合作等方式，纷纷深度参与到为实体零售赋能的阵列中。腾讯称之为"智慧零售"，阿里巴巴叫做"新零售"，京东则命名为"无界零售"，但殊途同归，零售业数字化变革由此进入下半场。

如果说上半场所依赖的技术能力主要为连接，也就是连接人与商品，那么下半场将绝不仅仅只是连接，ABC技术一定会在其中大放异彩。

过去零售产业的要素流动路径为"货—场—人"，生产者不知道消费者是谁，线上、线下信息割裂严重。而零售业数字化变革的下半场将基于消费场景重构要素流动路径为"人—货—场"。首先，依托大数据分析洞察消费者，增加连带率，提高客单价，提升人的效率；其次，数据赋能，用智慧供应链缩短供应链长度，减少其中附加的交易成本，提升货的效率；最后，发挥线下店的主体功能，赋能零售体验的场景感受，通过数字化支付等方式完成数据获取，实现商品、会员、服务一体化，提升场的效率。在这里，零售的本质并没有变，变的是"人—货—场"三者之间的要素流动路径。连接技术和ABC技术于其中有机配合，次第展开，共同推动零售产业的数字化变革，实现需求提升和效率改进。

比如，腾讯优图实验室新近推出的"优Mall"智慧零售系统就是针对线下零售多种业态场景打造的一整套全场景解决方案，为零售业态注入新的活力，打造"知人知面更知心"的智慧门店。"优Mall"系统以图像捕捉、识别、检索以及语音识别等多种AI处理引擎为基础，精准数字化原本线下门店难以量化的用户行为，同时结合用户线上数据与大数据处理引擎，对用户行为进行交叉验证分析。它可以助力零售商超、服饰百货、高端餐饮、大型购物中心等商家"人—货—场"的全面升级，持续调优算法，降低铺设成本。

四、从需求侧到供给侧：产业互联网未来演进方向

如果细细体味零售业近二十年来的变化历程，一个明显可以感知到的趋势是，连接技术在其中发挥的价值在慢慢回归至均衡位置，而ABC技术的重要性正呈现快速上升的势头。ABC技术一方面通过对消费者的线上线下数据整合分析来继续实现需求匹配和提升的价值，这依然会是互联网企业近期很长一段时间的发力重点。比如，门店管理优化方面，通过室内定位技术及图像热力图技术进行客流统计、以面部和情绪识别技术及行为和视觉追踪技术进行顾客分析、通过标签和射频技术及图像识别技术检测商品状态、利用智能终端技术和前置仓自动分拣有效提升店铺运营等等。而消费者体验提升方面，通过虚拟试用、智能导购、活动橱窗吸引消费者兴趣的技术应用，利用自助结

算、室内导航、智能购物车、智能推荐、无人便利店和智能货柜可以大大节约消费者的时间。

但另一方面，ABC 技术应用重心将逐步从下游延伸至上游，从需求侧贯通至供给侧，通过"人—货—场"的数据整合分析来提升整个产业链的生产效率，这会是未来零售业数字化变革的主导方向。可以预见，未来零售产业链的每一个链条都将以数据的方式存在，研发设计、原料采购、生产制造、物流仓储、批发零售、售后服务、资金流转等各个环节都将逐渐融入 ABC 技术平台，实现商品流、物流、信息流、资金流的一体化运作，使市场、行业、企业、个人联结在一起，最终实现以消费者为中心的零售业务完整生态构建。

从零售产业的案例可以看出，ABC 技术在产业互联网领域目前的应用更多还是体现在需求侧。实际上，不仅零售产业如此，目前互联网公司切入产业互联网比较成功的领域，主要都还是在需求侧发力。比如，对于零售、教育、旅游、政府等等行业领域来说，高频且分散的需求信息是其发展所面临的痛点，因此成为目前 ABC 技术发力的产业互联网主战场。但是，如同零售产业正在发生的变化一样，数字化资源将通过各种形式源源不断渗透进产业链的每一个环节，ABC 技术在产业互联网领域应用的重心将逐步从下游延伸至上游，从需求侧贯通至供给侧，价值贡献则将从过度依赖需求侧升级至"需求提升与供给效率改进"并重，这是产业互联网未来演进的方向。在这方面，以腾讯为例，其围绕量子计算、人工智能、5G 等领域建立前沿实验室，充分利用公众号、小程序、移动支付、社交广告、企业微信、人工智能、云计算以及安全能力等等数字化工具，正在民生政务、生活消费、生产服务、生命健康和生态环保等五大领域持续发力。

其中，汽车与医疗两大产业领域的探索尤为典型。汽车制造方面，由汽车厂商、车载软硬件提供商、网络运营商、内容提供商以及服务提供商等主体构成的巨大交互车联网生态圈，将为用户提供完整和全面的智慧出行服务。在此驱动下，人与车、车与环境、造车与用车之间的信息割裂将成为历史，汽车生产厂商的经营模式正在面临着急剧变革，过去单纯的生产制造企业正朝着生产与服务提供商的方向转变，未来甚至会延伸到出行服务。而智慧医疗方面，目前中国医院数字化的建设已经初具规模，数据标准化、系统集成是智慧医疗的关键突破点。腾讯与科技部携手建设医疗影像国家新一代人工智能开放创新平台，从创新创业、全产业链合作、学术科研、惠普公益四个维度驱动合作和创新，在"AI+医学"上致力打造"筛查、诊断、治疗、康复"等全流程的医疗解决方案，打造诊疗 AI 全流程的产品。未来在全面建立医疗机构的数字化管理流程和医患数据库后，以影像识别、语音识别等为典型代表的医疗 ABC 技术将会利用数据整合产业链上下游，帮助医院运营效率和医疗科技水平的提升。由此可见，与消费互联网主要连接人与人、人与信息、人与商品和服务不同的是，产业互联网主要连接的是每个细分领域所特有的行业"核心技能"（know-how）。如何打通 ACB 技术与各个

第二篇　产业互联网的演进路径

产业场景之间的壁垒将是产业互联网发展需要解决的关键问题，而"药方"就在于熊彼特所界定的"新组合"式创新。概括起来，从消费互联网到产业互联网的演进规律如图7.1所示。

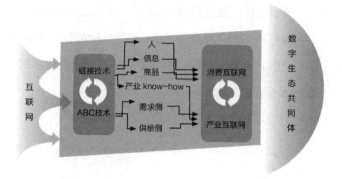

图7.1　从消费互联网到产业互联网的演进规律

从线上到线下，从终端到云端，从市场到政府，从服务业到工业和农业，ABC技术正在不断融入社会资源配置的神经中枢与角角落落。站在这个新时代的门前，一个值得思考的话题是，消费互联网领域出现了很多"赢者通吃"和"跨行业颠覆式"创新的现象，产业互联网是否还会延续消费互联网的发展模式？随着连接技术与ABC技术在各个细分产业链中所起作用的不断调整，互联网企业及其通用技术在产业互联网各个细分市场中的价值贡献也在不断发生变化。一方面，互联网行业的总体贡献将随着产业互联网的蓬勃发展而成倍增加；另一方面，在成千上万的细分产业市场中，互联网将很难再次出现所向披靡的跨界颠覆式场景，也不可能通过投资控股等方式全部加以控制。

因此，产业互联网的发展必须坚持共生共赢的"宽平台"，破除"零和博弈"的"窄平台"规则，走"去中心化"的开放之路。发展的主体应该是产业自身，互联网企业将与传统产业领域的竞争优势形成有效互补，以少数股权投资或战略合作等方式融入其中，成为传统产业和公共服务机构转型升级的数字化助手，做好连接器、工具箱和生态共建者，推动跨企业、跨行业、跨市场、跨国界的产业协同和资源优化配置，共同打造一个繁荣共享的"数字生态共同体"。

第 8 章
发展产业互联网要迈过两道坎

原文题目：《发展产业互联网需要迈过的两道坎 研讨会观点分享》，发表于腾讯研究院微信公众号（2019年8月9日），有删节和微调。

"互联网的主战场正由上半场的消费互联网，向下半场的产业互联网演进。"2019 年 7 月 31 日下午，腾讯研究院组织召开"产业互联网专家研讨会"，就产业互联网发展的若干问题进行研讨。以下是会议的主要观点：

一、吕本富　中国科学院大学教授

我国消费互联网的发展并非一帆风顺，而是经过了很长时间的市场培育过程，待真正解决了支付和物流两个基本问题后，才开始蓬勃发展。产业互联网会不会也有类似的两道坎？和消费互联网一样，产业互联网必须有类似支付和物流这样的公共平台的充分发育，才有可能突破发展瓶颈。

第一个公共平台是各行业的知识库和行业参数。这是基础和关键，某种意义上，它类似于电商中的支付平台。例如，企业软件巨头 Oracle 本质上就是行业知识和参数的积淀。产业互联网中的"支付"不是钱，而是行业知识的流通，而这一块目前还是空白的。

第二个公共平台是要素和租赁的流通市场。传统行业有属于自己的专用设备，有自己独特的技术，而通用的生产要素应该是可公用的，是可以流通的。即专用设备企业自己做，通用要素属于公共服务。

产业互联网一定要在区域经济和行业经济层面考虑，而不能仅是企业主体层面。即在一个区域把它的要素最优化以后，再开始突破各个行业，仅仅关注企业的个体产权，是很难突破的。较为成功的例子就是浙江新昌轴承行业的通用要素流通市场。

中国互联网经济的发展过程中，"集市"的概念很重要。产业互联网要在产权或者生产组织方式上有所突破，形成公共要素的流通集市，才能激发潜在价值。

互联网企业要明确自身的优势能转到哪个领域，例如优势是在消费者行为的分析，或者各种各样的营销工具需求，就应当抓住自身的强项深挖。Facebook之所以做加密货币Libra，主要目的就是建立站内交易的大市场，其战略基础就是对用户行为的深度挖掘。

二、孙宝文　中央财经大学中国互联网经济研究院院长、教授

第一，明确产业互联网内涵和外延的重要性。在经济学上，消费对应生产。从消费互联网到产业互联网，这里的"产业"实际上包含了消费与生产两个方面，从而混淆

了产业和生产环节。因此，从学术角度，对产业互联网的概念、内涵和外延的界定还需要更严谨。学者们需要在理论上深入研究，从技术、商业模式、产业演化等多个角度，对产业互联网的内涵和外延做出界定，让其在学理上说得通，站住脚。

第二，产业互联网的本质依然是"产销"协调发展。从历史演进角度来看，在不同发展阶段对消费还是生产的强调重点有所不同。但不论是强调消费型，还是强调生产型，其本质还是一个协调发展的过程，关键仍然是将产品和服务卖出去。产业互联网涉及全产业链，既和消费相关，也和生产有关，要把消费和生产协同起来，注意两者的均衡，构建良好的产业生态。

第三，对产业互联网的几点反思。首先是产业生态的构建。例如，沈阳机床近年集中研发 i5 智能机床技术，布局生产力中心，实施机床的以旧换新，由卖机床向租赁机床变革，这都与互联网思维相结合，但依旧走向破产的边缘。传统企业的转型思路是正确的，但是依然没有长久成功，其中存在的各种约束条件是需要厘清的，值得进一步研究和挖掘。其次是产业互联网化的关键，并不是传统产业将所有的东西都互联网化，而是要利用互联网去解决产业发展中的痛点问题。最后是在产业互联网化的过程中，处理好政府与市场的关系，区分政府行为和市场行为。

三、高晓雨 国家工业信息安全发展研究中心政策所副所长

2017年国务院发布《关于深化"互联网+先进制造业"发展工业互联网的指导意见》以后,国家开始大力推动工业互联网发展,取得一系列成效,但目前对工业互联网的宣传推广依然是当前工作的重要切入点。从实际工作层面来看,针对中国产业互联网的发展主要建议是学习工业互联网的经验,推动产业互联网的发展。

第一,参考借鉴的经验。和其他国家比较,美国是工业互联网、德国是工业4.0,他们在探讨什么是工业互联网时,会去明确自己工业体系架构是什么?在不同层次、不同维度上,都有哪些参与方,每个参与方又有什么样的作用。明确整个架构,把更多玩家融入进来后,还会去解决各个标准之间的协同。工业互联网的这些经验,是可以移植到产业互联网的发展过程中。因此,我们在做产业互联网时,要吸纳更多的参与方,包括互联网企业、制造业企业、技术服务商、高校、科研院所等等。

第二,对以往研究报告的学习参考。2014—2015年,埃森哲和世界经济论坛,还有麦肯锡等知名的智库机构,都发布了大量关于产业互联网的报告,引起了研究热潮。其中的很多观点到现在仍有启发意义。2015年埃森哲和世界经济论坛发布了一份产业互联网报告,里面提出了四个发展阶段,第一阶段从运营效率开始。第二阶段是新的产品和新的服务,这些活动现在正在发生,并可能在未来两年内加速。第三阶段是结果经济,结果经济是建立在产业

互联网的自动量化能力之上，要求公司建立以客户为中心的新生态系统合作伙伴关系。最后，第四阶段达到自治的经济拉动，达到一个持续需求感知的良性状态。

第三，重视中小企业。德国在发展工业4.0过程中，除了战略层面，一直在做的另一件事是工业4.0地图，该地图提供了大量的案例，提供案例的目的是为告诉中小企业，在工业4.0的战略下，具体能够为企业带来什么样的好处，能够为企业解决什么样的问题。工业4.0的一个特点是吸纳了很多的中小企业，帮助中小企业来提高产品质量并降低成本，其思想放在产业互联网中也同样适用。发展产业互联网时，可以深入研究具体案例，例如医疗、教育、出行、警务等，挖掘案例之间的共同点和差异点。产业互联网是否可以优先选择一些产业，先把它做出来，明确这些产业的体系架构、适用标准、发展路径、发展阶段，然后整理出可推广的案例等等。同时，还需要去为这些产业提供可测试的环境。例如政府的公共服务，可以选择一个点做深做透。

四、吴朋阳　腾讯研究院

近年来我国人口红利逐渐减弱，产业发展需要从人口红利的"量"的增长，转到创新红利"质"的提升。产业互联网，就是利用互联网的技术、用户等优势，帮助传统产业结构调整优化，提高生产运营效率，创造新价值。

相较于传统产业模式,产业互联网在市场、商品、生产、组织和系统五个层面都将发生变革。

从市场层面看，产业互联网将打破传统产业边界、跨界重组，把不同要素重新组合，形成新的业态。新业态的核心是三大关系，一是工业角度人和机器的关系，二是农业角度人和自然的关系，三是服务业角度人和人的关系。谁能把这些关系处理更好、协同效率更高、创造出新的服务和价值，谁就将成为下一代产业的领军。

从商品层面看，商品将逐渐从物理属性变为数字属性。过去物理商品大多是一次性销售，企业跟客户的关系基本就在买与卖的交界点上，交易完成则关联急速弱化。但随着数字技术发展普及，越来越多商品装上了传感器、芯片等，商品变成了电子化的媒介。这使得企业可以持续地与用户保持互联互通——既可有效跟踪用户使用情况，也可及时提供服务，实现从单纯的制造业向服务业拓展。制造业企业如果能抓住这个机会，就可能真正学习到互联网的创新模式，转变为生态运营型企业。

从生产层面看，互联网思维对传统产业的借鉴之一就是个性化。过去生产是"先产后销"，属于B2C；而现在需要转向C2B，即按需生产。工业化大规模生产，使得今天的商品市场已极大丰富、甚至部分商品供大于求，但这类商品是大规模标准化的、个性化程度不足。再往前走，关键就在于满足个性化需求。目前看仍有很大难度，因为目前机器智能还无法达到人的柔性和灵活度，成本会提升较多。如何能在成本不变情况下实现个性化生产，需要一个长期的过程。

第二篇 产业互联网的演进路径

从组织和系统层面看,在产业互联网的生态下,未来企业一定是"云上企业"。其中供应链的高效协同是一个最为关键的问题。大部分企业不再需要自上而下地搭建一个完整的体系,而是要和不同的企业合作。例如,腾讯公司和三一集团合作的"根云"[6];腾讯公司跟富士康合作的富士康工业云等,互联网企业做底层和技术支持,制造企业做上层应用。

[6] 指腾讯公司和三一集团合作创建的根云(RootCloud)平台。

具体环节的变革也不是一蹴而就。目前来看,切入重点在那些数据体量大、作业流程标准化较强、人力成本能大幅节约的环节,比如像质检和运维等应用场景就相对比较成熟。

最后,产业互联网还需要思维层面的变革。工业时代,企业之间竞争大多演变为价格战。但互联网时代,很多服务一开始就免费,"价格战"不再适用。产业转型更多需要考虑生态建设,需要共赢思维。这要求从单纯的"买卖关系",转变为"平等合作关系"。比如传统产业与互联网,共同成立一些新型机构,将有利于打破传统路径束缚,实现资源互补和协同创新。

第 9 章
产业互联网的发展路径选择

原文题目:《程华:从消费互联网看中国的产业互联网发展 企鹅经济学》,作者程华,发表于腾讯研究院微信公众号(2018年12月19日),文章有微调。

一、未来谁会主导中国产业互联网的发展

平台是上个世纪九十年代以来推动消费互联网发展的重要创新引擎和组织形式,毫无疑问,平台的这种主导力量,将继续延伸至产业互联网。从已经萌芽的状况看,目前产业互联网领域表现比较出色的平台,国内有两类:IT背景的互联网企业和大型制造企业。

IT背景的互联网平台主要指百度、腾讯、阿里巴巴、滴滴等在消费互联网表现出色的企业,这些企业延续其综合优势,目前已经把业务延伸至产业互联网。2018年10月,腾讯进行组织架构调整,宣布要推进和发展产业互联网;阿里巴巴再提"新制造",希望利用大数据、云计算、物联网来改造中国传统制造业,将其与互联网对接,实现智能制造。百度则早已披露了其自动驾驶乘用车量产及智慧城市建设计划。正像消费互联网的颠覆式创新来自边缘力量一样,产业互联网的发展,其重要的推动力也会是这些自己并不生产和制造产品的外部"鲶鱼"。

第二类主体将是较早进行数字化转型的大型制造企业。产业互联网涉及更多的生产和供应链流程,比消费互联网复杂和专业化。因此,在这个过程中,大型制造企业

有其得天独厚的优势。国外已经有 GE、西门子，中国的华为、海尔集团、富士康等也推出了自己的平台，并拥有了一定的影响力，在它们当中应该会出现佼佼者。

但是，在产业互联网平台的发展过程当中，不会像消费互联网那样，在短时间里迅速崛起、横扫其他互联网平台。一定是既有大型 IT 平台的拓展，也有大型制造企业的转型成长；一定是一个漫长的过程，不会因为大量资本的涌入，在很短的时间内就涌现出一个巨头。这是产业互联网本身的特点所决定的。

很多专家提到，产业互联网的发展需要跨行业、跨数据类型和大量连通，所以人们自然而然地有一种想法，是不是可以通过企业联盟的形式培育出一个平台来，我同样认为不可能。到现在为止，所有的巨型平台，都是从一个小的企业、小的垂直行业，起步创业然后发展壮大。一个大的平台，需要对它的生态有足够的控制力，产业互联网也一定是这样的。

无论是哪种类型的产业互联网平台，与消费互联网平台企业相比，会有一些不同点。

第一，消费互联网平台会比较"轻"，产业互联网平台会比较"重"。我们经常说"滴滴"不拥有运营车辆，阿里巴巴不生产商品，但可以驱动成千上万的汽车和商品流转，或者像腾讯公司，没有传统意义上太多的固定资产，但可以把交易额和市值做得很大。但是，产业互联网平台不是这样的，它一定需要大量前期的固定资产和专用化资产投入。从这一点来讲，消费互联网里经常会谈"网络效应"，但却忽略供给方的规模效应。在产业互联网里，需求方的网络效应和供给方的规模效应将会同样重要。

第二，产业互联网应该是以垂直化为特征的平台。消费互联网整体上表现出来的是综合性的、通用型的平台，似乎一个平台什么都可以做，可以跨界去竞争。但产业互联网应该是以垂直化的、提供行业解决方案为特征的平台。在这个特点下，产业互联网未来的市场结构，应该是一个更加多元的和竞争激烈的，同时市场的格局更加分散的状态。而不会像消费互联网那样，寡头非常强大，市场份额很集中。

第三，从用户和平台的关系来讲，消费互联网的特征是消费者多栖[7]和频繁转换，产业互联网的特征则是锁定平台和路径依赖。前一领域中，消费者的"沉没成本"[8]和"转换成本"较低，选择性很强。但在产业互联网中，平台自身以及B端用户都会花费高昂的接入成本，会出现双向的锁定。一个是平台对用户的锁定，一个是用户对平台的锁定，因为企业和平台的对接，双方需要专用资产的投入，需要一对一的解决方案，数据接口、流程协调都需要双方长期的磨合和调整。因此，产业互联网平台下，平台和用户的关系将是非常密切和长期稳固的。

二、产业互联网发展的路径

新兴事物的发展，掌握正确的路径和节奏很重要。网

[7] 指一些用户在多平台、多网络间常态消费和驻留。

[8] 沉没成本，指以往发生事件与当前事件决策无关的费用值。

第二篇　产业互联网的演进路径

络产业中有"先走一步是先进，先走三步是先烈"的说法。中国的消费互联网发展，呈现出从最早的门户网站、后来到游戏、电商、再到现在的 O2O[9] 的发展路径。从消费互联网的充分发展，再到产业互联网的发展，这也是一个自然的路径。同样，产业互联网自身的发展也会遵循一定的路径和逻辑。

[9] O2O（Online to Offline）是指线上营销线上购买带动线下经营和线下消费模式。

首先，需注意的是产业互联网的行业发展路径。从目前呈现的情况看，服务业和农业可能会走在制造业的前面。中国充分发展的电子商务平台已经开始了对传统线下零售行业的改造，互联网金融的不断创新也从零售金融进入到供应链金融、为传统金融机构赋能的阶段。农业和养殖业相比于制造业，生产流程相对简单和标准化，传感器和无人机器操作的应用环境相对单纯，区块链、人工智能和大数据的应用也相对容易，因此其产业互联网的展开，会早于复杂的工业制造业。

其次，需要注意的发展逻辑是供给能力的推动还是需求方的拉动。在此，我强调后者，也就是需求方拉动的重要性。虽然技术瓶颈的存在和相关产业基础的薄弱，会一定程度地限制产业互联网的发展。但是应该看到，消费互联网在中国，并不是在技术领先和基础设施良好的基础上发展起来的。以电子商务为例，中国电商的发展推动了支付体系的发展和物流体系的发展，而不是像美国和日本，电商发展之前就有发达的物流，有很好的信用卡体系。中国电商和互联网金融发展的逻辑与世界发达国家是不同的，是因为传统零售和金融存在很多痛点，需求得不到充分满足，因此为电商和互联网金融的发展赋予了充分的市场需求基础，然后电子商务和互联网金融的发展反过来激发了支付、物流等基础设施行业的快速发展。

这个逻辑在其他发展中国家也存在。比如非洲的肯尼亚，是以 M-pesa 为代表的移动银行服务的快速发展推动了手机的普及以及移动通信行业和金融业的发展。因此，在中国产业互联网的发展过程中，来自需求方的市场拉动将是非常重要的。因为有巨大的市场和诸多的行业痛点，因此恰当的切入市场，就会很快得到用户规模、现金流和利润的支撑，会激发出企业的研发和商业应用的热情。这个逻辑，与中国消费互联网的发展以商业应用层面见长、而不是技术基础领先的特征是一致的。

最后，需注意的是"自下而上"的发展逻辑。中国的消费互联网发展，最典型的特点是自下而上的。技术创新和产业发展，多来自风险创业型企业、来自"草根群体"，没有过多的政府政策、财政补贴，基本上民营企业主导这个行业，然后快速发展，引领世界。那么，产业互联网也可能遵循这样的逻辑，我并不赞成政府过多的系统规划、政策引导和补贴助力。虽然，行业初期的过度竞争，会导致市场的暂时混乱，如当年的团购、近年的共享单车等领域，但只要基本的市场机制有效和价格没有大的扭曲，假以时日，就会形成相应的市场秩序和长远的发展潜力。

三、中国发展产业互联网的优势

在消费互联网领域，相比于许多发达国家，中国可以说实现了某些领域的"弯道超车"。那么，在产业互联网发展中，相比于其他国家，中国有什么优势呢？总结起来有三个方面。

第一，良好的消费互联网基础和富有竞争力的互联网平台。产业互联网的发展，是以消费互联网为基础的，是一个从终端消费逐渐向上游渗透、改造的过程。这个过程中，消费互联网平台会起到举足轻重的作用，我们目前不仅有BATJ（百度、阿里巴巴、腾讯和京东）和TMD（头条、美团、滴滴）这样活跃在各个领域的成熟平台，同时这些企业也是近年来中国、乃至全世界互联网领域的重要资本投资者，各自建立了庞大的互联网王国，它们所积累的数据技术、所构造的组织构架和文化、所秉承的互联网发展思维，将是中国发展产业互联网得天独厚的优势。

第二，数据和场景优势。产业互联网发展特别重要的，是大数据资源和丰富完整的应用场景，这是无人操作和人工智能进行深度学习和演进的基础。从全世界来看，中国拥有非常丰富和完整的产业链，整个产业结构的体系也相对完整，这为产业互联网发展提供了非常好的实验和探索的基础，是经济体量较小的经济体难以比拟的。

第三，产业痛点多。所谓的痛点就是表现突出、影响面广的问题。一个行业痛点多，当恰当的解决方案出现时，市场就很容易开拓。为什么中国电商是最发达的，一个原因是用户规模大，另一个很重要的原因是，电商发展之前，传统零售业态痛点很多，连锁化程度低、集团化未成规模，没有完整、快速的物流配送体系，价格体系混乱，物理网点设置不合理等等。所以当价格透明便宜、配送迅速、支付便利的电子商务出现之后，就形成对线下零售的快速替代效应，成长壮大。

目前，中国的产业里面，存在许多痛点集中的领域，如就医难、小微企业融资难、农产品质量控制难等等，而这些领域痛点的核心在于信息的获取、跟踪和透明，它们是非常适合用互联网手段来整合的领域。所以，在痛点集中且普遍存在的产业里，很可能率先出现大的产业互联网平台。也正是这个原因，我想表达一个观点，就是产业互联网在全球的发展可能不是同质的，中国会有自己的优势和特点。

在消费互联网里，搜索领域美国有谷歌，我们有百度，电商领域美国有亚马逊，我们有阿里巴巴和京东，社交领域美国有Facebook，我们有腾讯。美国和中国的发展是高同质化的，原因是个人消费者的需求是同质的，但产业互联网不同，不同国家的优势和各自痛点不同，因此未来长成的平台和行业格局很可能是非常不同的。

第 10 章
产业互联网如何实现"存量变革"

实现经济高质量发展，需要坚持"增量崛起"与"存量变革"并举，培育及发展新兴产业与提升传统产业同样重要。传统产业所蕴含的市场，与互联网创新技术相结合，构成了经济发展的新动能，成为存量变革的来源。

如果说消费互联网是互联网发展的上半场，产业互联网则是互联网发展的下半场，互联网应用逐渐从需求侧拓展至供给侧，突出表现为：服务主体从个人转变为企业；目标定位从满足个人消费体验转变为改造企业经营模式、提升企业运营效率、优化企业资源配置；经济形态从个人经济转变为平台经济，突出社会资源的共享性与开放性；商业模式从流量经济转变为价值经济，实现贯通企业产业链与扩展行业价值链；市场格局从专注消费需求扩展到产业整体布局，具有更广阔的经济前景。

融合是产业互联网的核心特征，其本质是将新一代信息技术与各个产业深度融合。产业互联网的三个主要领域可分为制造业互联网、农业互联网和服务业互联网。制造业互联网（或称工业互联网）是产业互联网的主战场，其实现途径是利用人工智能、大数据、云计算、物联网等新一代信息技术，促进企业内部、企业之间、企业与用户之

原文题目：《产业互联网如何实现"存量变革" 企鹅经济学》，作者文洋，发表于腾讯研究院微信公众号（2019年8月20日），首发于《学习时报》（2019年8月9日）。

间的互联互通，实现产品从创意、设计、工艺制造到销售的全产业链整合。

一、产业互联网实现"存量变革"的三个维度

为何产业互联网有助于实现"存量变革"？这表现在效率、质量、动力三个维度。

产业互联网有利于生产效率提升。在价值链处中低位、全要素生产率低和成本攀升的情况下，通过信息技术将工人、机器、原料配件，以及生产性服务连接起来，有效缩短产品研制及生产周期，实现成本可控和按需生产，从而提升整个产业的运行效率。

产业互联网有利于产品质量提升。通过实现人与机器的协同，实现产品自动检测、全程追溯与可视，从而提高质量管理水平，构建智能检测追踪体系。在现代制造业产品日益复杂精细的情况下，大量高素质质检人员十分稀缺，利用 AI 图像识别等技术可以实现智能质检，大幅度提升质检效率，减轻人工压力。

产业互联网有利于创新能力提升。互联网与消费需求的天然亲近有助于弥合供给端与需求端之间的错位，帮助企业广泛连接市场、感知变化，更快速反映需求，为满足需求，在产品供给方面保持持续创新动力，不断推进产品升级、服务升级、管理升级，为企业创新驱动提供一条切实有效的途径。

二、中国产业互联网发展的优势与面临的问题

全球经济正加速向以融合为特征的数字经济、智能型经济转型，在产业互联网的推进过程中，各国处于同一起跑线，在中国与美国之间科技产业竞争进入白热化阶段之时，抢占产业互联网发展先机尤为重要。中国在产业互联网的国际竞争中具有显著的优势，具体体现在四个方面。

第一，市场规模优势。中国人口规模庞大，中产阶级比重仍在提升，是世界上规模最大的国家内循环市场。

第二，工业门类优势。在广度上，中国拥有 39 个工业大类，191 个中类和 525 个小类，是全世界唯一拥有联合国产业分类中全部工业门类的国家。在深度上，在 500 种主要工业产品中，中国有 220 多种产量位居世界第一。

第三，供应链和配套优势。中国在全球供应链和产业链中发挥日益重要的作用，正在成为全球供应链的重要节点。以消费电子产业为例，中国深圳地区已形成世界上最具有成本竞争力和规模最大的电子产业供应链。

第四，基础设施具有后发优势。中国高速公路、高速铁路、地铁、水运、港口、隧道、水利、电网等规模均居世界第一位。我国的信息基础设施进入全球领先梯队，在 5_G、云计算等方面创新优势突出，为产业互联网在实物层面与信息层面的连接创造良好条件。

中国推进产业互联网发展也面临一些问题，也是体现在四个方面。

第一，传统产业与互联网之间"语言"连通存在障碍。产业互联网需要所有参与者之间高度互动、相互渗透，实现制造技术与信息技术的深度融合。但现实是，传统产业人员缺乏对各个生产阶段的抽象精炼，互联网人员缺乏对具体产业的充分理解，双方之间话语体系不易接轨，而同时熟知两个领域的跨界人才更是稀缺。

第二，传统产业的互联网生态构建能力不足。在理念上，对传统产业与互联网融合规律的认识和理解还不够深入，应用推广的深度广度不够，互联网"反哺"传统产业的形式和内容有待拓展。在体系建设上，系统集成、软件开发、设备制造的供给能力不足，企业融入产业互联网的技术门槛和成本较高。在平台建设上，生产要素交易缺乏统一平台，产业互联网与金融支付互联网、商业零售互联网缺乏有效对接。

第三，网络安全和防御体系需要加强。技术是一把双刃剑，技术帮助企业充分实现信息化、智能化、互联化的同时，也随之产生了安全问题。产业互联网会带来物理世界和虚拟世界之间的连通，线上和线下边界的消失，网络空间攻击可能会穿透虚拟空间，直接影响到物理世界的安全。互联网的智能设备增长可能达百亿，每个智能设备都可能成为攻击的切入点，隐私泄露和网络安全等隐患日益凸显，网络安全保护和防御能力亟待加强。

第四，产业互联网标准需要统一。产业互联网建设不仅涉及企业内部网络，还涉及企业外部网络，以及大量设备的数字化、网络化及智能化改造，因此系统的开放性至关重要。目前存在不同部门主推各自产业的互联网标准，若形成不同的系统标准，造成封闭性或排他性，可能会对未来产业互联网整合发展带来困难。

三、如何推进产业互联网发展

注重复合型技术人才的培养。加大对既精通工业生产流程又懂信息技术的跨界融合人才的培养。不要单独依靠高校进行专业设置的调整或改革，需要从整个行业和企业自身出发，加大投入力度，创新人才培养模式，汇聚国内和国外人才，解决复合型人才匮乏的难题。

加快构建传统产业互联网生态系统。在补齐短板上下功夫，把提升传统产业生产效率和质量放在突出位置，完善多层次协同推进机制，积极营造良好环境，推动"产学研用"等多方协同发展。加快打造一批公共服务平台，进一步降低企业应用互联网的技术门槛和成本。在促进应用上下功夫，大力培育产业互联网系统解决方案，支持企业从应用出发，打造细分行业系统解决方案，强化集成创新。完善传统企业、系统集成商、软件开发商、装备供应商等之间的合作机制，开展更大范围、更深层次的应用推广。在夯实基础上下功夫，加快产业互联网标准的制定与推广应用，充分发挥 5G、大数据、人工智能、云计算等新一代信息技术的引领作用，深化与各产业融合，为产业转型升级奠定基础。

做好安全保障工作。夯实网络和信息安全基础，充分调动政府、企业、服务机构等主体的积极性，各方共同参与，研究万物互联的潜在风险隐患，推动政企之间的安全信息共享，建立协同联动的互联网安全机制。

构建统一标准体系。既要发挥各产业互联网标准的特色，又要保证相互之间互联互通，避免重复投资，开放公共空间。防止各个部门各自为政，推出相互之间不开放、不兼容的标准体系。加强各产业之间、各部门之间、各企业之间的协同和配合，积极合作参与国际标准制定，增强国际话语权。

第 11 章
生态共建是产业发展的唯一选择

2020 年上半年，新冠疫情（简称疫情）改变了我们的工作和生活方式，也影响了全球经济。我们看到，一方面，有的线下培训机构，因为无法复课而倒闭；有的零售、餐饮企业，因为线下营业受阻，销售额大跌；另一方面，也有企业受益于已有的数字化布局，设法保障业务进行，快速走出困境。

在这个过程中，数字技术就像经济、社会运行的"韧带"，通过"高韧性"缓解"硬冲击"，为产业"V 型反弹"蓄力。疫情期间，绫致集团[10]线下门店大量关停，2 月份，只有不到 10% 的店铺营业。这种情况下，绫致大力推动在微信小程序上的销售，并举行了 200 多场小程序直播。月销售额同比增长了 13 倍，创造了远超"双十一"购物节时的单日销量。

疫情缓解，线下社会生活回归正轨，但尝到了"甜头"的实体产业，没有停下数字化渠道营销的脚步。伴随线下店铺重开，绫致开始打造门店直播矩阵，将小程序直播与门店活动、明星 IP[11]传播结合，为线下门店引流。今年 6 月，通过与明星合作，创下了单场直播为线下门店带来 400 万元的销售记录。

原文题目：《生态共建是产业发展的唯一选择》，作者汤道生。原文系汤道生在"2020 腾讯全球数字生态大会"（2020 年 9 月 9 日—11 日）上的演讲，发表于腾讯云微信公众号（2020 年 9 月 10 日，有微调）。

[10] 绫致集团（Bestseller）1975 年始创于丹麦，在世界许多国家建有生产基地和销售网点。在中国有 8000 余家店铺和多个网络销售渠道，电子商务营销业绩突出。

[11] IP（Intellectual Property，知识产权），泛指知识创意、品牌、形象等综合创意。

产业互联网

数字技术对产业的重塑正在持续加深。上个月，我们的合作伙伴贝壳找房[12]，在纽交所挂牌上市。通过经纪人的数字化连接、楼盘信息的数字化呈现、交易流程的数字化再造，成立两年的贝壳，在"云端"重建了20岁的链家。腾讯也很高兴参与其中，为贝壳提供大数据、云计算、音视频等关键技术保障，助力贝壳完成了全国40多万经纪人的实时信息存储和交互，累计完成了650万套房屋的VR重建，用户使用次数近13亿。

通过贝壳、绫致等众多企业的数字化实践，我们看到，数字经济与实体经济边界越来越模糊，数字世界正在成为实体世界的一部分，产业的生产要素、生产方式、生产流程都在被数据所重塑。"数字优先"，将是构建未来经济、重塑产业发展的"必选道路"。

近年来，腾讯一直与生态合作伙伴一起，探索产业数字化升级之路。在政务、零售、金融、交通、制造、教育、医疗等众多领域，有了很多落地实践和成果。面对不同行业特性，数字化战略应该如何落地？数字技术怎样去持续发挥价值？我想从三个方面，分享我的思考。

一、效率是企业经营的关键

产业互联网的目的在于"降本增效"。向"数字"要"效率"，是产业重塑的必然选择。

数字化首先让目标变得可度量，可度量就可不断优化，

[12] 贝壳找房网，一家大型综合性服务遍及全国的房屋、楼宇、办公室租赁、销售服务网络，以信息化手段如VR看房、房屋估价、智能推荐等创新技术应用而被业界所熟知。

第二篇 产业互联网的演进路径

结果是提高生产制造、供需匹配、维保服务的效率，最终可以降低经营成本，提高企业的综合竞争力。比如，国产大飞机制造商"中国商飞"[13]，用AI视觉技术辅助质检员，捕捉人眼无法发现的材料缺陷，使"缺陷检出率"提升到了99%。

在汽车制造领域，一些无人驾驶车辆可以在数字仿真环境中，一天完成1000万公里的测试。而同样的测试，如果完全依靠打造样车、实地进行，需要改装出几百辆车，花费几年时间才能完成。结合高精度地图、虚拟现实、游戏引擎等数字技术的仿真系统，不仅节约了打造样车、燃油消耗的费用，更是大大提高了测试效率，同时规避了上路测试的某些风险。

通过微信、QQ、小程序、企业微信等数字化连接工具，我们还帮助企业更高效的触达用户，提升销售效率。我们和优衣库联合推出了"掌上旗舰店"，把优衣库线上与线下的库存全部打通，让用户"即看即买"；永辉超市通过微信小程序和App，为顾客提供到家服务。春节期间，订单超过450%，销售额增长超过6倍。

此外，数字化还能够提升组织运转的效率与弹性。北京地铁公司，旗下有约450座地铁站、5万余名员工，为了保证地铁正常运营，过去需要很多面对面的线下会议沟通。疫情期间，通过腾讯会议远程协同，最多一天，开了142次大型会议，来进行实时的工作安排，实现灵活调度。为了打造更贴近线下的沟通协作体验，我们释放腾讯积累超过20年的音视频技术能力，延时最低仅80毫秒，并且

[13] 中国商飞，全称为中国商用飞机有限责任公司，是国家实施大型商用客机项目的主体企业，也是统筹干线飞机和支线飞机发展、实现我国民用飞机产业化的主要载体。中国商飞成立于2008年5月，由多家大型国有企业共同出资组建，注册资本500亿元，总部设在上海。主要从事民用飞机及相关产品的科研、生产、试验、试飞，从事民用飞机销售及服务、租赁和运营等相关业务。

针对键盘声、咳嗽声等常见的会议噪声，进行"定点降噪"。

新东方在线则通过"腾讯企点"服务的云电话呼叫中心，把客服中心搬上了云，客服人员通过手机、电脑，可以随时登录云端，完成客户在线服务。现在，新东方的数字化"浮动坐席"，已经是固定座席的6倍多，可以更灵活地应对寒假、暑假的客服高峰。

二、安全是产业数字化的底座

人工智能、5G、物联网、云计算等技术的应用，让生产、服务过程加速数字化、云化。但现实的情况是，"哪里有利益，哪里就有坏人盯着。"产业数字化在创造巨大价值的同时，也必须严加防范，数据安全就成为保护价值的堡垒。

近年来，网络安全事故也屡见不鲜。例如，委内瑞拉国家电网干线遭到黑客劫持，导致全国大面积停电；某视频会议软件缺乏安全保护，导致上万条企业内部会议视频泄露。可以看到，安全风险的危害面在扩大，对物理世界的威胁也在增长。

在这样的背景下，每个单位都需要建立一套适用于数字时代的安全体系，不仅仅关系到网络边防，更需要以数据为保护对象，把安全措施带到数据流通的每个环节；将防护思维从被动防御转向主动规划；将安全目标从"合规"延展到对资产的保障；要把安全作为产业互联网的"底座"

第二篇　产业互联网的演进路径

来看待，必须筑牢根基。

2020年6月，拥有悠久历史的"广交会"[14]第一次在线上举办，腾讯是官方指定技术服务商。腾讯结合广交会的安全场景和业务特性，打造了一套量身定制的安全防护体系，让广交会线上系统从一开始，就拥有原生安全的属性，通过迭代防护系统和机动部署，助力广交会拦截了超过130多万次各类安全攻击，完成近7亿次内容审核，最终做到零安全事故。

[14] 广交会全称为中国进出口商品交易会（The China Import and Export Fair，简称：广交会），创办于1957年4月25日，每年在广州举办。是我国历史长、规模大、商品种类全、到会国家或地区广的综合性国际贸易大会。2020年6月的广交会第一次采用线上形式举办。

三、生态共建是产业发展的唯一选择

产业互联网中，每个产业都有自己的生态，腾讯坚持做好"数字化助手"，融入各产业生态，结合生态伙伴的能力，为客户提供最优的产品和服务。

在长沙市"城市超级大脑"的建设中，我们和东华软件紧密协作，搭建智慧城市平台。明略科技、湖南科创、国泰新点、东方金信等近40家合作伙伴，也纷纷参与进来，输出他们在政务服务、电子证照、医疗卫生等方面的核心能力，合力完成了98套业务系统的整合接入，上线了500项电子政务服务，让市民可以"一站式"获取便民服务。

过去两年来，我们与合作伙伴一起，从数字技术供给、解决方案打造、企业成长三个维度，逐步构建起产业互联网的开放生态。

我们以技术开放联盟，向合作伙伴提供人工智能、

5G、区块链、安全等技术，帮助大家夯实技术地基；我们通过产业开放联盟，与8千多合作伙伴，共建行业解决方案，形成300多项联合解决方案，帮助行业客户解决实际问题；我们还通过生态投资、产业加速器、产业培训等，助力合作伙伴成长，提升数字化"内功"。

我们很高兴看到，很多伙伴快速成长，比如华宇佳业，合作三年来，他们持续高速成长，团队规模、收入增长了数十倍，成为我们华北区"TOP合作伙伴"。

我们还通过"千帆计划"，打造和连接SaaS（软件即服务）生态。我们与微盟、金蝶、法大大、销售易等50多个头部SaaS厂商通力协作，推出了覆盖办公协同、人事管理、工商财税、生产研发、供应链管理、精准营销在内的多场景解决方案。现在，越来越多的SaaS伙伴加入到"千帆计划"中来。

通过千帆计划的技术中台，行业型SaaS与通用型SaaS相互连通、互相集成，携手为企业提供一站式SaaS服务。

随着产业互联网的横向展开和纵向深入，不少领域的变革已经踏入了鲜有人经历过的"无人区"，这意味着我们将进入一个创新与创造的时代。我们面临全新的挑战，也将迎接全新机遇。

在这个过程，腾讯将在"用户为本、科技向善"的使命愿景之下，坚定产业"数字化助手"的定位，与生态伙伴携手"团战"，在行业变革中探索未来。

第三篇
新冠疫情要求产业互联网加快发展

突如其来的新冠疫情（简称疫情），给我国经济社会发展带来了巨大冲击。在疫情防控中，产业互联网发挥了重要作用，充分保障了人们正常的生活学习秩序，有效支持了企事业单位精准有序复工复产。同时，疫情也对产业互联网发展提出了新要求，迫切需要进一步加快。

第 12 章
新冠疫情对数字经济发展的影响和挑战

原文题目：《新冠肺炎疫情对数字经济发展的影响和挑战》，作者闫德利，发表于《互联网天地》（2020年03期）。

新冠疫情的发生，无疑是影响国家、企业和每个人的突发事件。新冠疫情产生了广泛而又深刻的影响。为防控疫情，必须减少人与人之间的接触，避免人群的聚集，经济社会发展按下了"暂缓键"。在防控疫情中，数字经济发挥了重要作用，有效保障了人们正常的生活和学习秩序，有效支撑了企业的复产复工。数字经济自身发展也受到较大影响，不同的业态所受影响程度不一，主要体现在线上和线下之别、居家和出行之分。另外，每个企业不可避免地受到经济活力降低和宏观环境恶化的影响。疫情的发生，对我国智慧城市建设成果进行了检验，未来必将引发智慧城市建设思路和方式的调整。

一、纯线上业务影响正面，线下业务比重大者受影响更大

线下实体企业在疫情中受到的影响较大，特别是广大中小企业由于出现停工停产、复工率低、资金预算减少等情况，而面临着生死存亡的问题，其影响程度取决于疫情的时间长短和范围大小。数字企业可通过互联网不受（或较少受）人员流动和空间制约开展业务，受到的不利影响

相对较少。一般而言，纯线上业务受到某种"利好因素"影响较多，如数字内容。而涉及线下的数字企业都受到不同程度的影响，影响程度主要取决于线下业务的比重和类型。例如，电商可满足人们在安全防护条件下的便捷购物需求，正向影响不可谓不大，但也受到快递员不能按期返工、配送不能进社区、商品断货等线下方面的制约。

二、居家服务得到快速增长，出行业务受到的不利影响最大

疫情中，人们主要居家防护、办公或学习，"吃"仍为第一要务。餐饮业的停工使得人们"必须在家做饭"或者"订餐"，因而线上餐饮、订购业务获得井喷式增长，"下厨房""美食杰"等菜谱应用广受喜爱，"盒马鲜生""美团买菜""美菜网"等生鲜快速配送公司有效解决了食材购买问题。生鲜是高频重复性刚性需求，是长期以来传统电商不遗余力、前赴后继所努力发展的品类，但过去生鲜类网购业务进展缓慢。此次疫情对生鲜电商发展将起到巨大推动作用。

满足吃的需求后，如何消磨居家时间成为另一个重要问题。新闻资讯、网络文学、音乐、视频、网游、直播等数字内容成为多数人的重要选择。数字内容业务多为娱乐休闲应用，与春节和长时间居家休假的场景契合，且不需要涉及线下即可开展，可以说数字内容几乎未受疫情的负面影响。

由于长期居家不出，人们通过互联网进行对外沟通的需求也快速增加。除了日常沟通外，健康沟通、工作沟通和教育沟通成为新的亮点。例如，人们纷纷利用互联网获取医疗卫生方面的知识，甚至进行远程诊疗；再如，居家办公促使人们尝试使用协同办公、视频会议系统等远程工具；又如，学校和培训机构延迟开学，使得老师们开始进行视频授课，在线教育类产品获得快速发展。

与饮食、娱乐和沟通等居家服务呈现需求激增的情况相反，涉及出行的实体性业务受到的不利影响最大，例如网约车、共享单车、旅行服务、地图服务等。票务预订、餐饮外卖与出行业务密切相关，由于影院、餐馆的歇业，也受到非常大的影响。

三、不可避免受到经济活力下降和宏观环境恶化的影响

就整个经济社会而言，疫情无疑造成生产停顿、复工率降低、商务交易行为减少、经济活力下降等宏观环境的影响，所有行业无不受此影响，数字企业自然不例外。例如，移动支付受商务交易活动的减少而出现交易量下降。再如，电商在日用百货方面的需求增加，但受宏观环境影响，对服装箱包、户外用品、鲜花、家电数码、奢侈品等品类的需求相应减少。

在抗疫过程中，多数企业受到的经营压力加大，他们不得不努力控制成本，消减广告、云计算等方面的费用支

出，短期内会拖累传统企业数字化转型的步伐。但长期来看，疫情为我国做了一次"生产生活习惯的大型数字化培训"，为应对疫情而采取的各项措施可能会成为我国产业数字化转型的重要推动力，例如远程办公有利于提升企业的信息化水平。受抗疫过程的启发，相信有远见的企业也会主动拥抱、加速推进信息化，从而带来产业互联网业务的利好。

四、智慧城市的成效得到实践检验，将引发建设思路的大调整

智慧城市是数字技术在城市管理和民生服务领域的集大成应用，我国近年投入了大量的财力和物力建设智慧城市。在防控疫情中，智慧城市发挥了不可替代的重要作用，但也暴露出了问题和不足。例如，各自为政，跨部门协调难度大，"面子工程"华而不实，"数据孤岛"等。疫情检验了我国智慧城市的建设成效，对公共治理能力提出了更高要求，必将引发人们的总结和反思，并对未来智慧城市建设思路进行调整。"数据中台"的重要性和迫切性日益凸显，成为未来智慧城市建设的关键。以顶层设计、统一运行管理的"数据中台"系统支撑不同业务之间的灵活部署，兼顾个性化和标准化，实现集中统一性和分散灵活性的有机结合，从而提高数字化治理能力，助力公共治理现代化。

五、结语

新冠疫情的影响是多方面的，但多属于阶段性影响。对坚持下来的企业而言，很多因素会随着疫情的结束而自然消失。而全国范围内长时间的居家防护和居家办公，是人们生活习惯、生活轨迹的重要改变。特殊的经历必然产生特殊的习惯，期间形成的用户使用习惯（例如网上买菜、在线教育、视频会议等），有望在疫情结束后得以继续保持，引起人们生活和工作方式的变化，推动经济社会的数字化转型。

第 13 章
现实状况呼唤产业互联网加快发展

新冠疫情成为非常严重的全球性大流行的重大事件，截至 2020 年 7 月 15 日，全球确诊人数已超过 1310 万人，死亡超过 57 万人[1]。数字经济具有实时在线、可定位特征，在疫情控制中发挥了突出作用，是东亚国家疫情控制效果好于欧美的重要原因之一。面对疫情骤增的各方面压力，对于数字工具，欧美国家在发展利用与监管的天平中开始更加倾向前者，尽管仍存在阻力，但积极尝试使用互联网工具辅助人口管理。本次疫情凸显了传统产业数字化渗透率低的弊端，产业互联网在促进传统产业数字化转型中潜力巨大。

原文题目：《新冠肺炎疫情呼唤产业互联网加快发展》，作者石光，发表于腾讯研究院微信公众号（2020 年 4 月 14 日），文字有少量修改，本书成稿时，世界疫情方面数据根据当时情况做了更新。

一、数字经济在疫情控制中发挥了突出作用

（一）数字手段具有实时在线、可定位的特征，在抗击疫情中发挥了突出作用

数字手段的实时在线、可定位特征，使其在疫情控制中具有天然优势。当前我国互联网已经高度普及，互联网

---

[1] 数据来源：https://coronavirus.1point3acres.com/，时间为 2020 年 7 月 15 日，本文后续关于部分国家或地区新冠病毒疫情的统计数据来源和截取时点相同。

工具对控制疫情起到了积极和重要作用。人与人接触传染是新冠病毒传播的主要渠道，各地广泛推行电子健康"通行码"（或称健康码），作为疫情防控期间的"通行证"，对了解、分析和控制人口流动起到了极为有效的作用。目前，电子健康通行码（健康码）已在全国绝大多数省市推行并实现跨省市的信息互认，互信通行，很多地方对持有健康通行码人员一律放行，无须隔离14天。电子健康通行码实现了信息共享、实时监控，减少了人员流动带来的疫情传播和恐慌情绪，既有效促进了疫情防控，又大大减少了人员隔离带来的经济社会损失，一举两得。

互联网平台积极适应疫情下的特殊需求，开发了网络地图、供应链管理等工具。地图平台提供了实时的疫情信息按图发布、人员迁徙信息，这对于掌握疫情动态、明确防控重点至关重要。网络物流平台在优化供应链、调配物资、智能仓储、无接触配送方面有显著功效，保障了特殊时期的物流系统的高效运作。

数字手段对我国在世界范围内率先控制疫情，最大限度减少经济社会损失，发挥了突出作用。截至2020年7月15日，全球新冠确诊人数已超过1310万人，其中，美国确诊人数为350余万人，西班牙、意大利、法国、德国、英国分别约为25万人、24万人、20万人、20万人、29万人[2]。我国虽然面临疫情出现较早，突发病例集中，国家人口基数大等困难局面，但确诊人数控制在约8.5万人左右，远低于上述欧美发达国家。除了政府积极果断应对，

---

[2] 数据来源：https://coronavirus.1point3acres.com/，时间为2020年7月15日。

广大居民团结、配合、积极执行防控措施及要求，实行大力度的人员隔离措施，集中医疗资源高效救治确诊病例等因素外，数字技术和互联网的普及功不可没。

（二）利用互联网工具，东亚国家疫情控制效果好

东亚国家和地区在新冠疫情防控中普遍表现较好。韩国、日本、新加坡较为有效地控制了新冠疫情的传播，我国的香港和台湾地区在疫情控制上也比较有效。截至2020年7月15日，韩国、日本、新加坡确诊人数分别仅约1.3万人、2.2万人、4.6万人[3]，疫情防控形势远好于相似人口规模的欧美国家。

东亚国家十分重视利用互联网数字工具辅助管理。韩国曾在2015年受中东呼吸综合征（MERS）重创，2个月内感染人数近1.7万人。MERS期间，韩国开发了积极追踪接触者的工具和体系化方案，通过摄像头、刷卡记录、甚至汽车和手机的GPS数据来追踪病人的行动。本次新冠疫情期间，数字手段继续在韩国发挥明显作用，一旦发现新的病例，感染者的手机就会震动提醒，发出警报。网站和智能手机应用程序实时详细报告受感染者的出行时间表，包括乘坐的巴士、上下车时间和地点，甚至是否戴口罩。

（三）面对疫情骤增压力，欧美开始转向使用互联网工具

欧美国家在数字工具应用方面普遍较为审慎，特别是

---

[3] 数据来源：https://coronavirus.1point3acres.com/，时间为2020年7月15日。

在信息安全、个人隐私保护、反垄断等方面因文化及法律方面因素顾虑较多，总体来看，欧洲更偏于保守。但面对疫情骤增压力，近期欧美也开始推动以数字工具抗击疫情，让技术手段发挥更大作用。

在美国，疫情促使移动终端的两大操作系统——iOS和安卓——首次积极公开合作。4月12日，苹果和谷歌宣布合作，在智能手机的iOS和安卓系统中添加追踪技术，并使公共卫生部门的应用程序实现在安卓和iOS手机之间的互通操作。这是两大科技巨头史上首次"高调合作"，其关键是打通iOS和安卓系统，通过蓝牙技术匿名追踪新冠病毒接触者。如果手机用户与新型冠状病毒携带者接触，该应用将会发出警报。它能提醒用户与受感染者接触，并自我隔离，这有助于遏制病毒传播。这意味着，如果用户病毒检测呈阳性，并将该数据添加到公共卫生应用程序中，那么其在前几天密切接触的用户将接到通知，并采取相应措施。苹果的iOS和谷歌的安卓系统加起来大约有30亿用户，超过世界人口的三分之一。

考虑欧美的个人主义传统，苹果和谷歌强调其追踪技术会保护用户隐私，需要征得用户事先同意，并且不收集位置数据。这项技术也不会通知用户他们接触了谁，或者是在哪里发生的接触。这些公司表示，他们也看不到这些数据，并声称整个系统可以在需要时关闭。

二、互联网在产业端应用将迎来高速增长

数字工具对防控疫情的重要作用,是建立在互联网在个人群体高度普及的基础之上的。我国消费互联网发展已较为充分,相比而言,互联网在企业和产业方面渗透率仍然不足。本次疫情期间,数字化转型快、线上化程度高的产业,受到的负面冲击普遍较小,而数字化程度低的传统产业受冲击较大。未来,产业互联网在推动传统产业数字化转型方面潜力巨大,预计互联网在产业端的应用将迎来高速增长。

(一)疫情冲击突显传统产业数字化渗透不足弊端

疫情冲击下,我国主要经济指标均出现下滑,2020年前两个月,规模以上工业增加值下降13.5%,服务业生产指数同比下降13.0%,也是有统计数据以来的最低水平。但进一步看,疫情对不同产业的影响有明显差异。工业中,烟草行业、石化行业增加值保持正向增长,分别增长6.9%和2.1%,二者都是高度自动化、人力密集度低的产业。服务业中,金融业增长4.5%,信息传输、软件和信息技术服务业增长3.8%,二者都具有网络化、智能化特点。大部分人停留在家,上网时间明显延长,中国移动、中国联通等电信运营商全网用户每日使用总时长大幅提高。总体来看,这些受疫情影响小的行业,都是自动化程度高、数字渗透率高的领域。

(二)产业互联网推动传统产业数字化转型

面对新冠疫情的冲击,传统产业普遍受冲击较大,产

业链显示出明显的脆弱性。而互联网行业及数字化程度高的传统行业，则显示出较强韧性，受冲击幅度有限。疫情结束后，在反思疫情影响的基础上，传统产业可能会更迫切地推动产业链重构，其压力和动力会远强于缺乏外部冲击的自然发展状态。智能化、网络化和数字化是产业链重构的重要基础，这为产业互联网发展带来了重大机遇。

本次疫情相当于进行了一次超大规模的强迫性实验，最大限度地展现了数字工具替代传统产业的可能边界。疫情带来的人员居家，有力促进了远程会议、远程教育、网络社交、网络游戏、网络零售发展，突显了数字经济的优势。电子商务零售大幅增长，在2020年前两个月，社会消费品零售总额同比下降20.5%的情况下，实物商品网上零售额增长3.0%。网络零售类别中，必需消费品大幅增长，饮食类和日用品类商品分别增长26.4%和7.5%，生鲜和健康品类的增长幅度大。但非必需消费品下降多，穿着类商品下降18.1%，家电需求减少。近五年来，网上零售总额占全社会消费品零售总额的比重已从过去的8%增至21.5%。

受疫情影响，视频会议、远程办公等需求剧增，远程会议等服务需求高速增长。视频会议工具Zoom最近在Apple App Store所有免费应用程序中排名前三。腾讯会议推出两个月内，日活跃用户数超过1000万，成为当前中国最多使用的视频会议应用。腾讯公司还成为联合国全球合作伙伴，为联合国成立75周年提供全面技术方案，并通过"腾讯会议""企业微信"和"腾讯同传"等工具在线举办数千场重要会议或活动。

三、巩固消费互联网优势，加快产业互联网发展

以新一轮信息技术革命为代表的技术进步，正以前所未有的速度影响各个产业。近二十年来，互联网在我国高速普及，以电子商务、即时通讯等为代表的消费互联网得到充分发展。互联网行业是我国新经济中最为活跃的行业，孕育出一批成功企业。目前，互联网在消费端的应用正在接近饱和，但在产业端的应用还远所不及。2019年10月，在第六届世界互联网大会上，国家发展改革委和中央网信办联合发布的《国家数字经济创新发展试验区实施方案》要求："以产业互联网平台、公共性服务平台等作为产业数字化的主要载体。"

2020年4月，国家发展改革委和中央网信办联合发布的《关于推进"上云用数赋智"行动培育新经济发展实施方案》提出，"构建产业互联网平台，为中小微企业数字化转型赋能。"本次疫情凸显了以产业互联网改造提升传统产业，提高产业智能化、网络化水平，增强产业链韧性的必要性。推动产业互联网加快发展，需要明确的五大重点方向。

一是鼓励传统行业龙头企业搭建产业互联网平台，发展适应特定产业需求和特点的平台，通过产业互联网提高供应链管理、生产运行的自动化和智能化水平，提升产业整体的链韧性和平稳性。

二是抓住新型基础设施建设的重大机遇，加快完善支

撑产业互联网发展的基础设施，包括5G、物联网、智能终端、传感器等。

三是加强产业互联网共性技术的供给，满足不同产业对互联网化的特定需求。与消费互联网的高度同质性相异，产业互联网因产业而异，定制化特点十分明显，这需要更加多元化的技术供给。

四是以产业链全球化程度高的产业为优先领域，推动产业互联网发展。我国深度参与全球产业链的行业主要包括精密仪器、装备、汽车、通信设备、电子元器件、电气设备、塑料制品、办公设备、皮革制品等。

五是注重劳动者保护，减少产业智能化、网络化导致的员工失业问题冲击。产业互联网会减少一些传统岗位，但也会创造新的就业岗位，对于因产业互联网冲击而产生的结构性失业，要加强技能培训，协助劳动者完成职业转换。

第 14 章
数字化"战疫"之有温度的工业互联网平台

原文题目：《数字化"战疫"之：有温度的工业互联网平台》，作者李向前、杨锐、吴朋阳、张雪琴，发表于腾讯研究院微信公众号（2020年3月8日），经过少量删减和修改。

此次新冠疫情发生以来，我国在应急医疗、公众健康、疫情防控与复工复产等方面都经受了全方位的考验。在这次"战疫"过程中，以新一代信息技术和互联网为代表的数字化工具起到了不可替代的作用。其中工业互联网平台作为工业数字化升级的新型基础设施，更体现了独特而广泛的价值。工业互联网平台实现了从物与物到企业与企业、人与人之间的全面互联，不仅有效支撑了工业的应急与复工，同时在健康防护、就业促进、物资保障等方面有效支撑了民生需求。工业互联网平台超越了机器与生产线的"物—物"的局限，成为有温度、有担当的"人"的平台，体现了平台的人本主义、社会价值及社会效益。

一、疫情期间民生需求痛点

新冠疫情突发，影响广泛，面对疫情积极应对，既有获得了的经验也总结出一些不足，发现某些正常生活情况下无法显现的民生需求痛点，主要包括下属三个方面。

一是防疫供需脱节，影响社会健康安全。防疫供需脱节问题在这次疫情初发时期体现较明显。在供给侧,紧急医疗防护物资储备和产能不足、物资捐赠通道不畅等,限制了物资的供应及其效能的发挥;在需求侧,则出现需求信息传递不畅、急需者难以及时获得抗疫物资等问题,影响了全社会联动抗疫的效率,对民众健康安全造成风险。核心问题在于,缺乏信息汇聚和分发的有效手段,难以实现防疫物资、信息及服务供需的及时对接和准确供给。

二是招工用工的供需脱节,影响就业稳定。抗疫期间人员流动受限造成招工用工的供需脱节,并且可能延续到疫情过后。求职者难获得已复工企业的招工需求信息,用工企业也难以获得符合条件的上岗工人的来源和条件信息,尤其造成制造业中小企业招工难、工人求职难等供需矛盾,影响就业市场的稳定。如何让招工企业和个人求职的供需信息有效对接,结合健康认证等必要的手段,成为抗疫期间与复工复产协同有序推进的关键。

三是生产链条脱节,影响企业生存和经济恢复。疫情造成一些制造业企业停产停工,企业生存压力增大。正常情况下允许的大规模人员流动被按下了"暂停键",企业一方面需要充分利用这段宝贵的时间,对员工进行职业技能培训;另一方面在复工复产过程中兼顾疫情防控需要,人员有限情况下也能对关键生产设备进行远程运维,并从局部复工开始恢复生产能力。这就需要制造业企业能够具备足够的数字化能力,能够远程开展生产建设和能力恢复工作。

二、工业互联网平台的支撑协同

（一）工业互联网平台有效支持公众健康防护和社会安全保障

在广大医护人员奋不顾身投身抗疫一线之际，工业互联网平台企业也发挥其信息汇聚与发布、资源优化调度、大数据与人工智能技术等方面独有的优势，互联互通、互为支撑、协作协同，助力公众健康防护与疫情防控工作。

在健康资源查询、医疗物资供需对接方面，中国信息通信研究院、腾讯公司、海尔集团、航天云网等多家工业互联网平台企业积极投入，与科研院所基于平台信息整合传播与知识管理能力，快速开发、上线了多种资源协同应用系统和应用程序，及时满足了数字健康资源的资源供给、医疗物资供需对接及其相关资源动态管理等多样化需求。

在公众健康防疫与便民服务方面，腾讯、百度、阿里巴巴等多家平台企业推出"健康码"解决方案。其中国家信息中心和腾讯公司共同推出的解决方案，可面向全国基层社区提供社区人员登记、复工人员登记、健康自查上报、疫情线索举报、发热门诊查询、口罩预约购买、医疗物资捐赠等多类服务，提高了数据采集、管理、使用效率。相关系统在100多个城市的相关社区投入使用。针对疫情期间医疗资源紧张，人民群众生病问诊难、看病不便、去医院就医受限等难点，腾讯基于微信推出在线问诊和医院查询功能。"腾讯医典"上线"新型肺炎"词条内容，由26位权威专家共同编审，涵盖从症状、病因到就医、预防等结构化、系统性知识，让大众能及时了解疫情最新进展和科学防疫知识。

在信息技术助力方面，人工智能技术等新型信息技术广泛应用到了疫情防控技术当中。人工智能技术在工业领域广泛应用于质量检测、故障诊断与知识管理等场景中，工业互联网平台上积累了成熟的 AI 技术中台与算法库。腾讯、海尔等工业互联网平台企业基于平台的成熟算法和算力，助力 CT 辅助检测、病毒基因测序等工作。腾讯提供了移动式人工智能 CT 检测仪，部署到武汉协和医院西院、武汉日海方舱医院、洪湖市人民医院等抗疫一线医院。其搭载的"腾讯觅影"AI 辅助诊断新冠肺炎解决方案，可以在患者 CT 检查后数秒完成 AI 判定，并在 1 分钟内为医生提供出辅助诊断意见。AI 参与诊疗判定，使医生检查效率提高数倍，准确率明显提升，取得了良好的应用效果。

（二）工业互联网平台助力在线培训，助力招工用工

新冠疫情发生以来，工业互联网平台企业纷纷基于产教融合服务平台，面向工业从业人员推出了各种免费线上教育、培训与公益直播，举办了大量生产技能培训与线上授课等产教融合活动。

在线上教育培训方面，工业互联网平台企业面向制造业企业的需求，构建了有针对性的在线职业培训平台。腾讯与合作伙伴共同打造的在线职业教育平台根据制造业职业教育特点，基于 AI、VR/AR 等新技术，实现了对制造

业人员的系统化体系化培训。平台具备评测、学习、练习、考试多个功能环节并形成闭环，同时提供课程库、题库、考试库、人才库等供管理人员实现动态管理及数据分析。平台具备的实操培训，远程实操考试，AI随机生成故障案例等特色功能，使学员最大限度地接近实际工作环境，缩短学员从培训到实际工作的过渡时间。

在教育或培训内容制作与传播方面，工业互联网平台的专家社区资源与泛在连接能力保证了在线教育培训的内容质量和高效传播。疫情期间，基于工业互联网平台的专业社区，来自"产学研用"各个方面的专家快速组织了覆盖智能制造、工业互联网等当前热门领域的高质量的教学资源。在线教育培训的课程信息通过微信群、朋友圈等社交工具和平台的垂直社区进行裂变式传播与精准覆盖。工业互联网平台企业的运营管理团队具备丰富运营经验，起到了很好的支撑作用。

（三）工业互联网平台远程协同，保障企业复工复产

工业互联网平台以强大的计算能力、网络通信工具、音视频内容专长为基础，提供了丰富的网络化协同解决方案。华为、腾讯等平台企业推出了协同办公、远程运维、健康管理等解决方案，帮助制造业企业降低成本、快速实现协同办公和远程运维诊断。并且在疫情期间用户爆发式增长的情况下，保障了服务的平稳运行。例如，腾讯WeMake复工管理平台面向制造业企业提供了智能视觉检测、AR远程运维、设备健康管理和良率分析大数据等网络

化协同解决方案，并以微信小程序等方式进行推广，起到了良好的效果。

三、科技向善的初心与彼岸

疫情就是情况，抗疫就是命令。在疫情防控过程中，工业互联网平台作为有温度、有担当的平台，在服务好工业行业之外，利用其在技术、产品、社区和运营方面的优势进行了多种形式的切换和协同。以用户为本，在公众健康、个人防护、面向各行业的产教融合等方面都做出了贡献；科技向善，以担当之举、专业之力、共享之心、科技之能，汇聚数字化战疫正能量，为战胜疫情做出了贡献。

同时，此次应急响应也为工业互联网平台的进一步完善提供了参考依据。第一，抗疫期间在线教育培训的实践，能够指导工业互联网平台进一步完善线上公共服务体系，以在线职业培训和直播教育等创新方式，更好地配合新工科教育和企业职业技能培训的开展。第二，丰富工业互联网平台的远程运维、远程诊断、协同办公等解决方案库，帮助企业进一步提升数字化建设水平。第三，夯实工业互联网平台的基于人工智能技术的服务能力，提升应用场景覆盖度。加强技术中台与算法资源的积累，并实现灵活组装与迁移。除了抗疫期间的CT诊断外，覆盖缺陷检测、良率提升等更多场景。第四，提升工业互联网平台产业链协同能力。在加强信息传递、供需协同等能力的基础上，不断创新，利用新技术、新手段实现数据流、资金流的深度协同。

第 15 章
后疫情时代的产业互联网：
趋势、路径与建议

原文题目：《后疫情时代的产业互联网：趋势、路径与建议》，作者李勇坚，发表于澎湃新闻（2020 年 04 月 20 日）。

一、引言

以数字化、网络化、智能化为本质特征的第四次工业革命正在兴起。新一轮科技革命和产业变革将会重塑制造业格局。新一代信息技术、3D 打印技术、柔性生产技术、智能化生产技术、"互联网+"与制造业的深度融合，正深刻地改变制造业的生产方式、组织形态、商业模式，产业链、价值链将会深度重组。生物技术、新能源技术、新材料技术、智能技术与信息技术在制造业中交叉融合，拓宽了制造业的广度、深度和内涵。

产业互联网作为新一代信息技术与制造业深度融合的产物，通过对"人—机—物"的全面互联，构建起全要素、全产业链、全价值链、全面连接的新型生产制造和服务体系，是数字化转型的实现途径，是实现新旧动能转换的关键力量。为抢抓新一轮科技革命和产业变革的重大历史机遇，世界发达国家和地区正在加强制造业数字化转型和工业互联网战略布局，全球领先企业积也在积极行动中……我国的大型互联网平台企业如腾讯、阿里巴巴，大型制造企业如海尔、格力等，也都加大了布局产业互联网的力度。

我国政府一直大力支持产业互联网的发展。从国家政策来看，加大产业互联网普及与应用也是国家支持的一个重要方向。2017年11月国务院发布《关于深化"互联网+先进制造业"发展工业互联网的指导意见》，对工业互联网的发展应用提出了战略规划。2020年3月，工业和信息化部办公厅发布了《关于推动工业互联网加快发展的通知》，提出了20项具体措施，推动工业互联网加快应用。2020年4月，国家发展改革委和中央网信办发布《关于推进"上云用数赋智"行动，培育新经济发展实施方案》，提出"构建多层联动的产业互联网平台"，将建立起为产业互联网在不同规模企业应用的基础架构，对"小微企业"应用产业互联网将起到推动作用。这说明产业互联网应用的政策体系已基本完善。国际上，德国提出了"工业4.0"战略，美国提出了"工业互联网"战略。

而新冠疫情发生之后，很多企业面临着招工困难、生产转型难、供应链重构难等问题，而产业互联网应用较多、水平较高的企业，在抗疫过程之中表现出了明显的灵活性与更好的适应性。这使更多的企业认识到拥抱产业互联网的价值。可以预期，疫情过后，产业互联网应用将获得更快的发展，从而为高质量发展提供机遇。

二、后疫情时代产业互联网发展趋势

不管人们是否有主观意愿，不管是身处互联网产业还是传统制造业，不管企业是否已经做好战略谋划或战略布局，也不管对疫情过后产业的境况变化如何预估，产业互联网的大潮都会到来，产业互联网的发展趋势也隐约可见，具体有三点。

第一，企业将互联网应用到企业生产、流程、管理等方面的动力将大幅度增加。

在新冠疫情发生之前，很多企业对产业互联网等数字技术的应用缺乏足够的动力，从整体上看，我国数字化经济发展较好的领域，很大程度上是集中在营销领域。在疫情发生后，很多企业开始尝试着使用各类网上办公等新模式，有些企业实现了网上开工，这使众多企业主动或被动地感受到了数字化的重要性、必要性及其良好收益。

据兴业银行首席策略师乔永远对50家企业的调查研究发现，数字化程度高的企业能够将此次疫情的负面冲击减少到最低。从生产方面来看，过去在数字化设备采购及应用方面投资较为积极，而企业内部管理数字化、供应链数字化协同等方面，许多企业投入不足。疫情期间，企业在这些方面的应用大大增加，对生产设备和工艺流程进行数字化、网络化、智能化改造，加大工业机器人的投入力度，这将在疫情过后推动企业向更深度的数字化转型，采取更加智能化的生产方式，既减少生产对人工的依赖，又提高生产的柔性化程度，可以更好地适应需求变化、更低成本地调整产能。

例如，海尔旗下COSMOPlat[4]联合各生态资源方共建、共享"企业复工生态链群"，协助海思堡集团从大规

[4]COSMOPlat是海尔推出的自主知识产权、全球首家引入用户全流程参与体验的工业互联网平台。其主要思想是以用户为中心，使用户由购买者转变为参与者，构成全产业链以用户为中心来设计和生产产品的生产模式。

模生产向大规模定制转型,仅用3天实现了"火线复工"转产医疗防疫物资。产业互联网平台有力地助推了企业转型生产紧急适用的防疫物资。在这些案例的激励下,很多企业将会加大应用产业互联网的力度。

第二,制造服务化趋势将越来越明显。

产业互联网的应用,将生产过程数字化、智能化、定制化,使产品能够更加符合客户的需求,从而为客户提供包含更多服务内容的解决方案。企业将以客户为中心,提供更加完整的"服务包"(bundles),包括物品、服务、支持、自我服务和知识等。

事实上,在西方发达国家普遍存在两个"70%现象",即服务业增加值占GDP比重的70%,制造行业中所包含的服务内容占整个服务业比重的70%。制造企业将利用产业互联网积极发展精准化的定制服务、全生命周期的运维和在线支持服务,提供整体解决方案、个性化设计、多元化的融资服务、便捷化的电子商务等服务形式。

例如,在消费互联网时代兴起的C2B将在产业互联网的应用过程中焕发出新的旺盛的生命力。C2B模式并不是简单一种定制化生产方式,而是一种利用电子商务形式,将现代柔性生产技术、信息化管理手段、高效供应链管理、敏捷设计等多种经营模式进行深度整合的新型商业模式,产业互联网的应用将增强企业的柔性化生产能力,从社会整体生产方面推动从工业化时代的大规模标准化生产,向数字化时代的个性化、柔性化、多样化生产转型。

第三，推动产业全链路的数据化、网络化、智能化。

产业互联网在产业领域的应用是一个演进的过程。在最开始时，是利用数字技术对传统商业流程中某环节的直接替代，从而提高该环节的效率。随后，是通过简化或者重构的方式对商业流程的再造和优化，推动商业流程的创新，进而推动商业模式创新。然后，对生产流程的信息化与产业互联网化，提高生产效率并推动生产过程与企业供应链、营销链的全面对接。再然后，利用产业互联网，推动供应链的智能化，实现价值链的全过程数据化。

产业互联网也将推动企业向"创新2.0"阶段转化，即基于互联网的协同创新模式，从单一环节创新向全面创新转化，从单一部门创新向"全产业链创新"转化。产业互联网的应用将极大地降低企业的成本。据工业和信息化部初步统计[5]，在305个智能制造示范项目中，产业互联网的应用使生产效率平均提升37.6%，能源利用率平均提升16.1%，运营成本平均降低21.2%。在企业方面，某家电企业的一个注塑车间，通过引入产业互联网，原材料库存减少80%、智能装备提升生产整体效率17%、故障响应时间缩减80%、故障率减少36%、停机时间缩短57%、检验成本下降55%、外观检测精度上升80%。

[5] 统计数据发布时间为2020年4月。

三、后疫情时代产业互联网发展路径

一是以数据驱动价值链。其核心是基于数据协同的价值链分割与整合，在具体方案方面，包括制造过程数据化，

即通过工业大数据的方式,预测化生产过程,不但通过大数据,预测并减少生产过程的故障。通过生产过程的数据化与智能化,实现按需生产。制造过程智能化,引进机器人、智能控制技术、互联网技术等,实现从自动化工厂到智能化工厂的转型。制造过程的一体化,将依托物联网终端等智能设备实现"产供销"一体化。将企业的创新活动、生产活动、供应链、营销链等数据全面整合到产业互联网平台中,从而使企业实现由数据驱动价值链。

二是网络化协同制造平台,推动大型企业平台化发展。大企业依托协同制造平台推进智能制造、大规模个性化定制、网络化协同制造和服务型制造,推动网络化分布式生产设施的实现;而对于中小企业而言,依托平台建设"智能工厂",重点应用智能化生产系统及过程,并融入平台的资源网络之中。建设一批"云设计平台",通过整合各类设计资源,通过将资源虚拟化、任务分解化、设计互动化、交流社区化等模式,使云平台为设计过程发挥更大的作用。以供应链的智能化,推动"智慧物流"应用,推动协同制造平台应用。主要通过互联网、物联网、物流网,整合物流资源,充分发挥现有物流资源供应方的效率,在需求方,则能够快速获得服务匹配,得到物流支持。

三是发展"1+1+1"模式,即"产业 + 互联网 + 金融"。这种模式是产业发展本身与互联网技术和金融服务的协同发展,其实质是利用互联网打通金融和实体产业,支撑产业发展。具体的框架是,通过产业互联网为企业提供金融服务。例如,在产业互联网应用的基础上,实施"科技创新中心＋龙头企业＋产业金融"的平台组合行动，着力打通产业链、创新链和资金链。建设财政股权投资资金、社会专业化产业投资基金、银行信贷资金相互结合的产业化金融支持体系。与产业互联网相关的金融服务包括第三方支付、金融超市、供应链金融；还包括与银行体系相串联的整体金融体系，以及由部分沉淀资金带来的有可能转化为资产管理的部分（如现金流管理、众筹等）；甚至还可以包括开展和主业相辅相成的孵化基金、并购基金、股权投资基金以及策略基金等等。产业互联网可利用金融工具，发展成为产业资源的聚合器、资产规模的放大器、业务创新的孵化器、业绩增长的驱动器。通过产业互联网与金融的相互渗透与支撑，可以达到串联整个生态圈、盘活存量、重塑产业结构的作用。

四、若干建议

一是打造一批产业互联网平台。2020年4月，国家发展改革委和中央网信办发布《关于推进"上云用数赋智"行动，培育新经济发展实施方案》，首次提出"构建多层联动的产业互联网平台"。平台处于产业互联网生态体系的核心，通过产业互联网平台，能够建立全国（或跨国家、地区间合作）协同的研发设计、客户关系和供应链管理体系，增强企业基于互联网的资源共享和业务整合能力。

二是建立工业大数据系统等新型基础设施。《工业和信息化部办公厅关于推动工业互联网加快发展的通知》将

"加快新型基础设施建设"作为首要任务,其中就包括"建设工业互联网大数据中心"。建设完善重点行业和领域的"工业云"公共服务平台、大数据中心,推动软件与服务、设计与制造资源、关键技术与标准的开放共享。

三是积极开展云制造、云设计等云技术应用试点,打造中小企业云制造平台。云制造,根据"制造即服务"理念,借鉴云计算模式,在制造资源虚拟化和制造能力服务化的基础上,按需组织网上制造资源,按需为用户提供各类制造服务的新型制造模式。云制造是先进的制造技术、产业互联网应用的一个重要成果,是"制造即服务"理念的体现。通过这一试点,一方面,能够实现现有制造企业的制造能力的高效、准确、科学,支持制造业在广泛的网络资源环境下,为产品制造提供高附加值、低成本和全球化制造的服务,从而提高企业的灵活性。另一方面,云制造也有利于打造更好的创新创业环境,降低创新创业门槛。

新冠疫情期间,企业面临供应链"断链"、运营不畅等问题。而调研表明,应用产业互联网的企业,以其生产的灵活性与智能化、企业运营的数据化与网络化,所受到的影响要小于传统企业。这些事实,将有力地推动后疫情时代产业互联网的深入应用。企业已深刻体验到数字化转型的意义,相信此次疫情过后,也会带动产业互联网的高速发展。

第四篇
新基建是"路",产业互联网是"车"

2020年3月4日中共中央政治局常务委员会召开会议,提出要加大新基建投资力度,之后新基建迅速升温。新基建是应对当下疫情挑战的现实之需,也是打造未来数字竞争力的长远大计,是适应数字经济换代发展时代要求的"高速公路"。产业互联网则是高效运行的"智能汽车",是保障新基建顺利推进的需求支撑。

产业互联网

第 16 章
以新基建为契机，加快共建产业互联网

原文题目：《以新基建为契机，加快共建产业互联网》，作者马化腾，发表于《人民日报客户端》（2020年5月18日）。

[1] 所列数字为文章发表时的统计结果，随着全国复产复工查码、亮码的次数数倍于此，"亮码"已经变成居民乘坐公共交通工具、员工进入工作场所或人员进入公共活动场所的基本信息证明。

[2] "WE 智造"也称作"WeMake"，是 2019 年 10 月腾讯云发布的智能制造解决方案，旨在助力工业企业进行数字化升级。

此次应对新冠疫情过程中，"数字战疫"已成长为中国抗击疫情的一支"硬核"力量。

仅仅以腾讯的战绩为例，疫情以来"防疫健康码"已累计"亮码"超 80 亿人次[1]；"腾讯健康"累计提供了超过 100 亿次的疫情动态查询服务和超过 1500 万人次在线问诊服务；微信小程序日活跃账户超过 4 亿，政务类小程序用户同比增长近 60%；腾讯智慧校园、腾讯课堂等产品累计帮助超过 1 亿学生在线学习；腾讯会议日活跃账户数超 1000 万，企业微信会议功能累计服务 2.2 亿人次，成为复工利器；安全复工平台"WE 智造"小程序[2]已被 42 个地区的 2.8 万多家企业用于解决复工过程中的棘手问题……人们通过智慧物流、在线医疗、在线教育、视频会议、远程办公等数字应用实现了"隔而不离"和大规模的社会协作，充分保障了正常的生活和学习秩序，有效支持了精准有序的复工复产，并催生了"码上经济"的蓬勃发展。这些成果得益于中国政府多年来大力推动新型基础设施建设（以下简称新基建），积极引导数字经济发展与数字中国建设，有效推进了中国经济社会的数字化转型升级。

中央近期多次提出加快新基建，既是应急之需，更是

第四篇 新基建是"路",产业互联网是"车"

长远大计。加快新基建,有利于全国基础设施的整体优化与协同融合。而统筹存量和增量、传统和新型基础设施发展,打造集约高效、经济适用、智能绿色、安全可靠的现代化基础设施体系,也是建设现代化经济体系的重要环节。

疫情让我们更深刻地意识到,连接是社会经济增长的基础。以5G、人工智能、数据中心等为代表的信息基础设施,作为新基建的重要组成部分,将为"大连接"扫清障碍。特别是,具有高速率、低时延、大容量等特征的5G网络,将有助于我们从"人人互联"进一步迈向"万物互联"。短期看,加快新基建能够让实体经济面对疫情冲击更有韧性,让社会面对"黑天鹅"事件更具免疫力。长期看,加快新基建是我们迎接新一轮全球科技与产业革命的必选项,也是我们转变经济发展方式实现高质量发展的必答题。

新型基础设施建设与传统基建不是互斥对立关系,而是互补相融。新基建之所以"新",一个重要原因是,"数据"作为与土地、劳动力、资本、技术并列的新兴生产要素,正在逐步走向历史舞台的中央位置。新基建将为其铺平道路,让数字红利充分释放,让数字鸿沟得以弥合。

从腾讯来看,自2018年宣布战略升级以来,腾讯就开始积极投身新基建,通过"扎根消费互联网,拥抱产业互联网",逐渐成为各行各业转型升级的"数字化助手"。过去两年的探索和实践,让我们更深刻地感受到,新基建是制造强国和网络强国"两个强国"建设的共同支撑,产业互联网是数字产业化与产业数字化的重要载体。新基建与产业互联网是不可分割的系统。如果我们把新基建、数据要素和产业互联网的三者关系比作"路—油—车",那么产业互联网与新基建的紧密结合,就如同未来智慧交通所必需的"车路协同"。

2020年4月,国家发展改革委与中央网信办联合印发《关于推进"上云用数赋智"行动 培育新经济发展实施方案》,明确提出了"构建多层联动的产业互联网平台"的工作推进思路,推进企业级数字基础设施开放。这激励我们要以新基建为契机加快共建产业互联网。在此过程中,我们希望从三个方面进行探索。

一是**融合创新**。新基建与产业互联网的灵魂是创新,它首先来自传统基建、传统产业与数字技术的融合创新。这种融合创新既有助于中国供应链把自身优势充分发挥出来,也有助于补足我们的短板,加快技术红利接替人口红利,促成新引擎与新动能。国务院常务会议最近明确,坚持以市场投入为主,支持包括民间投资在内的多元主体参与新基建。这是一个重要的积极信号。就像4G来临前,我们很难预言微信的出现。我们无法知道5G在不远的未来会给我们生活和工作带来哪些"超级应用"。但我们知道,无论创新来自哪里,都难以按部就班地出现,最终我们可能要依靠市场来捕捉这种不确定性。

二是**开放协同**。新基建与产业互联网要将数据这一生产要素,投入对传统产业的全方位、全角度、全链条的改造。这需要尽可能消除整个产业链的"信息孤岛",甚至要打破跨产业链的信息不对称,从而尽快打通从生产制造到消费服务的智慧连接,实现从智慧零售到智能制造(C2B)、产销一体的生态协同。这不但对传统企业带来新挑战，同时也对包括腾讯在内的互联网与科技企业提出新要求。我们不能止步于单个技术与产品的孤立开放，需要进一步升级到平台生态的协同开放。更重要的是，产业合作伙伴共同参与，通过多元协作、生态开放来共建产业互联网，将为新基建创造巨量丰富的应用场景，让新基建能够有的放矢，从而有助于避免一哄而上、盲目建设的现象。

三是**包容共享**。新基建与产业互联网是实现科技普惠和包容性增长的重要土壤。中国经济的高质量发展，必然要求"以人为本"的科技创新与经济增长。借助大数据和人工智能等技术，新基建与产业互联网不但能更加精准集约地做到"物尽其用"，而且也将帮助我们实现"人尽其才"的愿望：哪怕只有一两个人的小公司，只要有好的创意和"一技之长"，就可以"破土而出"。疫情期间，偏远贫困地区的农民，可以通过直播电商或社交平台销售本地的特色农副产品；没等到工厂开工消息的打工仔做起了滴滴司机或美团骑手，实现灵活就业；2019年微信带动的2963万就业机会中，有大量退伍军人、农民工、家庭妇女、残障人士通过公众号、小程序找到了新工作、新职业……如果我们把目前支持中小微企业的金融财税政策称为"放水养鱼"，那么新基建与产业互联网对中小微企业的普惠作用，或许可叫做"施肥种草"。它会长出过去传统基建难以长出的新物种，更好地促进中国经济社会的包容性增长。

从根本上来说，新基建与产业互联网，就是要让每一个人和每个企业，以目前最低的成本和最高的效率来使用数据、算法与算力进行劳动创造，从而共享全球新一轮科技与产业革命的成果。我们认为，这既是打赢脱贫攻坚战全面建成小康社会的内在要求，也是推动经济高质量发展、培育国际经济合作和竞争新优势的必然选择。投身新基建，拥抱产业互联网，是我们这一代中国企业家的重要使命，我们需要以时代紧迫感和历史责任感，来把握好我们手中的这个关键发球局和重要机遇期。

第四篇 新基建是"路",产业互联网是"车"

第 17 章
推进新基建和产业互联网的融合互动发展

> 原文题目:《推进新基建和产业互联网的融合互动发展》,作者王一鸣,发表于腾讯研究院微信公众号(2020 年 5 月 13 日)。

一、新基建区别于传统基建的新特点

新基建,从根本上说就是服务数字经济的基础设施,主要包括 5G 网络、数据中心、人工智能、物联网等信息基础设施,还应包括传统基础设施的数字化、智能化改造,比如智能交通、智能电网等。与传统基建相比,新基建具有诸多新的特点。

一是新基建把数据孕育为新的生产要素。数据只有经过采集、传输、存储、加工和应用,才能成为生产要素。在新基建的环境下,数据日益成为经济活动中的核心生产要素。在新科技与产业革命背景下,衡量产业结构的现代化水平,很大程度上要看数据要素投入带来的边际效率改善和全要素生产率的提高情况。从国际上看,数据规模、数据加工能力、数据治理体系,正在成为国家之间竞争的新制高点。

二是新基建具有更大的"乘数效应"。与传统基建相比,新基建除了可以发挥投资带动效应外,还能把涉及数字采集、存储、加工与运用的相关产业联成网络,极大地突破了产业间相互联系的时空约束,减少中间环节,降低交易成本,提高生产效率,同时创造出更多高质量的就业机会,

因而具有更高的投入/产出效益和更强的产业带动能力。

三是新基建具有更强的正向外部效应。新基建可以大大拓展网络中企业用户数量，推动集聚的海量数据资源几何级迅猛增长。集聚的数据资源越多，外部效应就越大。这种外部效应带来的用户效率提升，会吸引更多用户使用和参与，进而能够大幅提升经济体系包括产业体系的数字化和智能化水平，引发生产力和生产方式的革命性变革。

四是新基建进一步拓展生产可能性边界。我国总体上已进入工业化后期阶段，服务业比重提高，但同时带来的问题是由于服务业资本有机构成较低，全要素生产率增长放缓，经济增长呈现出"结构性减速"[3]。新基建带来的产业革命性变化，能够有效地突破产业结构服务化带来的结构性减速，为经济发展拓展新空间，提供新的驱动力。

> [3] 结构性减速是指经济要素结构发生变化，使经济发展速度降低或放缓。

综上所述，新基建可支撑数字经济加快发展，可以推动我国经济的质量变革、效率变革、动力变革，给我国现代化建设提供新的战略支撑。

二、新基建可以推动产业互联网向纵深发展

新基建，也是产业互联网发展的基础。相对于消费互联网，产业互联网对数据采集精度、传输速度、存储空间、计算能力和智能化加工应用等方面的要求大幅提高，迫切要求加快以 5G 网络、数据中心、人工智能、物联网等为核心的新型基础设施建设，筑牢产业互联网发展的基础。

第四篇 新基建是"路",产业互联网是"车"

近年来,我国消费互联网发展突飞猛进,处在国际前沿地带,但产业互联网领域明显落后于主要发达国家。比如,2017 年美国 80% 的制造业企业已经上云,而我国仅有 30%。这种反差反映了我国产业互联网还处在起步阶段,既面临产业数字化水平低、信息标准化水平低、信息平台场景化应用不够等因素影响;也受到新型基础设施建设滞后,数据采集、传输、存储及应用的能力不足等方面的制约。

新冠疫情的突然出现,推动产业互联网快速发展。疫情防控期间,远程办公、在线教育、健康码和智慧零售等新业态、新模式发展迅猛,对疫情防控模式下增强经济发展的弹性和韧性发挥了难以替代的作用。通过这次疫情的应对,人们对产业互联网的发展潜力和对新基建的巨大需求有了新的认识,也证明了加速新基建落地,推动产业互联网快速发展的紧迫性和必要性。

新基建可以推动产业互联网向纵深发展,加快产业数字化进程,打造数字化企业,构建数字化产业链,构建数字化生态,以数据流引领物质流、人才流、技术流、资金流,提升产业链现代化水平,培育新业态、新模式。与此同时,产业互联网是新基建的重要需求来源,将引导新基建的建设方向和重点建设领域,避免无的放矢或盲目建设,对新基建起到"反哺"作用,增强新基建的"乘数效应"和外部效应。

三、新基建与产业互联网融合互动发展

新基建要避免传统基建遇到的问题,如因需求不足带来的"相对过剩"问题,市场主体参与不足带来的"低效"问题,以及基础设施建设与产业发展"脱节"问题,最有效的途径就是推动新基建与产业互联网的融合互动发展。

(一)新基建要加强与终端需求的有效衔接

新基建要释放巨大的市场需求,关键是要发展上下游的产业化应用。新基建既要适度超前,也要与终端需求有效衔接。要加快推进制造业、服务业的数字化进程,推进信息装备的标准化,构建产业互联网的应用生态,这样才能创造新基建强大的市场需求。如果我们建了很多数据中心,却没有足够的市场需求,就会造成资源闲置和浪费。这样,再宏大的基建,再庞大的投资,都会成为无源之水、无本之木。

(二)新基建要加强产业链视角的顶层设计

新基建要强化产业化应用,就要基于产业链视角来推进顶层设计,包括在数据交换、数据接口、开放模式、数据安全等方面建立规范和标准,在这个基础上,推动企业从研发设计、生产加工、经营管理到销售服务等业务流程向数字化转型,打通产业链上下游企业数据通道,促进全产业链的数字化,进一步还可以将生产过程与金融、物流、交易市场等渠道打通,促进全渠道、全链路供需精准对接,形成新基建的全产业链生态。

（三）新基建要加强与产业互联网融合互动

现在新基建与产业互联网在某种程度上已经是互相融合的，比如，数据中心不光政府在建，企业也在大规模建设数据中心，腾讯在江苏省扬州市的仪征园区建设超过30万台[4]规模的数据中心。事实上，新基建的投资主体很多是头部平台企业。加强新基建与产业互联网的互动发展，可以将新基建与市场需求对接起来，也可以拓展产业互联网应用空间和深度。

[4] 腾讯仪征东升云计算数据中心项目，可容纳约30万台服务器。

（四）新基建要鼓励市场主体广泛参与

在传统基建中，政府是主要投资方，融资渠道比较单一，主要是地方政府通过平台公司举债，造成地方"隐性债务"的积累。新基建要吸纳市场主体的深度参与，包括通过PPP[5]合作模式，推动多资本形式的合作。这样做，一方面有利于新基建与终端需求的有效对接，另一方面，也有利于新基建提高技术水平和国际竞争力。因为新基建区别于传统基建一个很重要的特征是技术能力，其建设和发展的核心问题是技术创新，鼓励市场主体特别是前沿科技企业参与尤为重要。

[5] PPP（Public-Private Partnership，PPP模式）指政府和社会资本合作，双方合作出资进行基础设施建设的运作模式。

今后一个时期，产业互联网领域的投资和应用将会加速推进，工业制造和服务过程将有越来越多的环节被重构和优化。新基建和产业互联网的深度融合和互动发展，将推动形成各方广泛参与的产业互联网生态。

第 18 章
新基建下产业互联网发展新图景

原文题目:《新基建下产业互联网发展新图景》,作者司晓、吴绪亮,发表于腾讯研究院微信公众号(2020年3月21日),有微调。

自中央提出新型基础设施建设这一概念后,关于新基建的内容、价值及发展方向等问题热议不断。随着新冠疫情在国内逐步被控制住,发展新基建对于中国经济回稳和高质量发展的战略意义更是备受关注。但是,目前关于新基建的概念范畴、政府与市场的作用、新基建与数字经济以及产业互联网的关系等等问题,都还需要从理论根基上进行更深入地思考。

一、新基建的概念范畴如何划定?

目前在讨论新基建的时候,一个很大的分歧是关于新基建概念范畴的划定。2018年12月,中央经济工作会议首提新型基础设施建设的概念,并将其聚焦于5G、人工智能、工业互联网和物联网这四大领域。2020年3月4日的中央政治局常委会会议进一步增加了数据中心建设。因此,中央目前明确提出的五项新基建均为数字类基础设施。但在媒体报道中又衍生出新基建"七剑"的提法,这一提法不仅包含了5G、数据中心、人工智能、工业互联网等数字类基础设施,还加入了特高压、城际高速铁路和城市轨道交通、新能源汽车充电桩等传统基础设施。那么,新基建

第四篇 新基建是"路",产业互联网是"车"

概念范畴究竟是否应该聚焦于数字类基础设施?

应该说,当前对新型基础设施的范畴阐述尚处于探索阶段,有不断演进的空间。但如果我们对新基建提出的战略意义进行深入探究,则可以得到一个较为清晰的认识和结论。实际上,新型基础设施与传统基础设施虽然在理论根基上具有相通性,但在宏观环境、战略价值和商业逻辑等方面存在的巨大差异也不容忽视。

第一,从宏观环境来看,中国是在全球化大发展和产业链全球重构的大工业生产时代背景下大规模发展传统基础设施的。而新基建提出的外部环境是处于"逆全球化思潮"盛行且工业经济加速向数字经济和智能经济转型升级时期,因此信息类基础设施恰逢其时。

第二,从战略价值来看,任何一项投资都会受到边际报酬率的影响。自1978年改革开放以来,以"铁公基"[6]为典型代表的传统基础设施投资快速增长,其占GDP的比重由2.57%跃升至21.02%。虽然传统基础设施投资在未来很长一段时间依然会是"基建"的主要形式,它对经济增长的贡献还有很大潜力可挖,但不可避免地,其边际报酬率自从2012年以来已经呈现出递减趋势,这是由基本经济规律所决定的。而数字类基础设施投资体量虽然目前还很有限,但其对经济增长的边际报酬率正处于快速爬升阶段,可以帮助中国在未来经济发展中"补齐短板",战略价值不言而喻。

第三,从商业逻辑来看,传统基础设施重视规模经济。但随着全球宏观环境的急剧变化,经济增长速度和出口总

[6] 这里的"铁公基"泛指铁路、公路、机场、水利等传统基础设施建设。也有专家将其表为"铁公机",狭指铁路、公路、机场等基础设施建设,本文取前者。

量均呈现下降趋势，传统基础设施所依赖的超大规模经济效应难以继续放大，而数字类基础设施所具有的网络效应及对传统经济领域超强的渗透和溢出效应可以对经济高质量发展和国家数字竞争力的提升产生显著影响。

因此，判断新基建的概念范畴的简单方法就是，从上述三个方面来加以综合考察，只要能更加契合新的外部宏观环境，能在战略价值和商业逻辑上展现出更强的优越性，那么就应该纳入新基建的概念范畴。虽然未来新基建的外延会不断拓展，但就现阶段来看，将新基建聚焦于数字类基础设施可能是最符合上述三方面标准的一个做法。

二、新基建推进中政府与市场的作用如何协同？

首先需要明确的是，传统基础设施与新型基础设施的本质都是基础设施，而基础设施所依赖的核心理论是公共品。美国著名经济学家萨缪尔森[7]于1954年首次将公共品（Public Goods）与私用品（Private Goods）区别开来，指出公共品的必然结果是私人投资不足，因此需要政府干预。

但值得注意的有三点：其一，并非所有的基础设施产品都符合严格意义上的公共品界定，很多仅为"准公共品"；其二，即使该基础设施产品属于公共品，也并不意味着其整个产业链上的每个环节均为公共品，而这一点实际上构成了近二十年来全球范围内推动电力"输配分离"、铁路"网运分离"等垄断性行业改革的理论基石；其三，即使该基

[7] 保罗·萨缪尔森（Paul Samuelson, 1915—2009年），美国著名经济学家，诺贝尔经济学奖得主，创立了新古典综合经济学派。他的著作《经济学》是世界著名的经典作品。

础设施产品的某个环节为公共品，按经典理论，由政府提供资金最为有效，但按照世界银行总结的经验，政府提供资金不一定是全部且不等于政府生产，社会资本（民营经济）依然可以参与并发挥重要作用，比如一度盛行的政府与社会资本合作的 PPP 模式。

因此，新型基础设施建设与传统基础设施建设对经济发展都具有基础性和先导性的作用，在理论根基上具有相通性，不能强行割裂两者之间的关系。政府和市场、国有经济和民营经济都可以在其中扮演重要角色，但考虑到新基建及运营其上的数字经济领域的独特商业逻辑，可能需要更加强调市场机制和民营经济的作用。

由此可见，对于如何在新基建中充分发挥市场机制的作用要形成共识，新基建的哪些部分适宜市场力量为主，哪些部分适合以政府力量为主，哪些部分需要多种力量合作，以及以何种形式进行合作，都需要在理论上进一步厘清。但至少可以明确的是，民营经济参与新基建决不能只是"旧瓶装新酒"，更不能是去分传统垄断行业的一杯羹，而是要一视同仁、各取所长、公平竞争。因此，新基建推进中，政府规制与市场竞争如何实现有机地平衡与协调，将考验政府及其参与者的决策能力和执行水平。

三、新基建与数字经济及产业互联网的关系

目前，新基建的主体内容为数字类基础设施，数字经济的发展现状和未来前景研判对于我们推进新基建具有重

要的风向标意义。因此，2019年底召开的中央经济工作会议明确提出"要大力发展数字经济"。

经过二十多年发展，数字经济在中国取得了突飞猛进的发展，涌现出腾讯、阿里巴巴等一批全球领先的互联网科技公司。特别值得注意的是，2018年下半年以来，我国数字经济的发展重心从消费互联网开始延伸至产业互联网，传统经济的多个领域都处在数字化、网络化和智能化升级改造的爆发点。

虽然2019年我国的GDP已接近100万亿元人民币，稳居世界第二，但是全员劳动生产率只有美国的七分之一，还存在巨大的产业效率红利需要挖掘。因此，产业互联网的发展将助推各行各业提质增效，从而为新基建的推进奠定坚实的市场基础和展现出无限的发展宏图。

特别是新冠疫情冲击下，以互联网医疗、教育直播、在线办公、公共服务等为典型代表的产业互联网新兴业态呈现爆发态势，产业互联网发展被按下"快进键"，从而又为推进5G、人工智能、数据中心、云计算等新基建的意义和必要性增加了新的注脚。

可以说，产业互联网是新基建的市场先锋，为新基建打下了良好的市场基础，同时也为新基建的主攻方向勾勒了初步轮廓。可以预计，随着新基建的稳步推进，产业互联网将迎来新的更为稳健有力的发展新图景，而这股力量必将"反哺"新基建，为其注入源源不断的发展动力，共同推动中国经济的新旧动能转换、经济高质量发展和国家数字竞争力提升。

第四篇　新基建是"路"，产业互联网是"车"

第 19 章
夯实新基建之路，提速产业互联网之车

原文题目：《夯实新基建之路，提速产业互联网之车》，作者田杰棠、闫德利，发表于《河北日报》（2020年6月12日），有细微调整。

基础设施具有战略性、基础性、先导性和公共性的基本特征，对国民经济至关重要。经济的发展和社会的进步，离不开适度超前、积极部署的基础设施。1956 年，美国破土动工修建纵横全美的州际公路系统，加速了货物、商品和人员的流动，造就了"车轮上的国家"，使美国在其后几十年取得了前所未有的发展。随着信息社会来临，美国于 1993 年发布国家信息基础设施行动计划，信息高速公路开始建设。受益于此，随后的几年间，亚马逊、雅虎、PayPal、Google 等一批著名的消费互联网公司纷纷创立。同期，我国数字经济也开始萌芽并迅速成长。现今，世界经济数字化转型是大势所趋，网络连接从"人人互联"迈向"万物互联"，技术应用从侧重消费环节转向更加侧重生产环节，这对信息基础设施提出了更高要求。我国审时度势，做出加快推进信息网络等新型基础设施建设（简称"新基建"）的战略部署，为数字经济注入了更加强劲的发展动能。

基础设施对经济发展的拉动效应十分显著。世界银行对 1990 年的测算结果表明，1% 的基础设施存量增长，将带动人均 GDP 增长 1%。传统基建带来的是"乘数效应"，新基建带来的则是"幂数效应"。作为信息高速公路之后又一项具有重要意义的战略举措，新基建的影响十分深远。信息高速公路使人类社会真正进入数字经济时代，带来了消费互联网的大繁荣，"数字化生活"成为潮流。新基建则推动数字经济发展迈向新阶段，开启了产业互联网新时代，"数字化生存"渐行渐近。

新基建是适应数字经济换代发展时代要求的"高速公路"，是产业互联网充分发展的基础条件。与消费互联网相比，产业互联网对信息基础设施的要求较为苛刻。以制造业数字化转型为例，它需要生产过程各个环节的广泛接入、全面感知和智能控制，需要高精度、低时延、互操作、低功耗的信息网络，需要无处不在的计算以及海量弹性的存储。因此，如果没有新基建，工业专网[8]、网络切片[9]、数字孪生[10]、生产控制、智能决策等产业互联网深度应用几无可能。

产业互联网可以比作高速公路上高效运行的"智能汽车"，是保障新基建顺利推进的重要支撑。与传统基建不同，政府在新基建中的角色可能会发生一些变化，由之前的主导者和投资方变为投资动员方，企业将成为重要的投资主体。然而，广大企业受疫情影响，能够投入到新基建的资金比较缺乏。因此，发展产业互联网成为推进新基建

---

[8] 工业专网（Industrial Network）指专门为工业企业的制造、生产、控制而开发的专用网络。

[9] 网络切片（Network Slicing）是一种"按需组网"的技术实现方式，可以让网络运营商在统一的基础设施上分离出多个虚拟子网（每个子网称为一个切片），各子网独立控制和运营。

[10] 数字孪生（Digital Twin），又称为数字映射、数字镜像。它是利用物理模型、传感器数据、运行历史数据，构成一个全面而科学仿真过程，在虚拟的数字空间中完成映射，从而反映出对应的实体装备的整体运行状态与结果。

的最大期望之所在。国家发展改革委和中央网信办要求"以产业互联网平台、公共性服务平台等作为产业数字化的主要载体",并把"构建多层联动的产业互联网平台"作为推进"上云用数赋智"行动的主要方向。中国联通、华为、腾讯、阿里巴巴、金蝶等数字企业纷纷发力产业互联网,助力传统企业加快数字化转型。因此,如果没有产业互联网,新基建的投资回报率会大大降低。

新基建和产业互联网紧密关联,互相促进。新基建是数字经济发展的战略基石,是通往数字时代的"高速公路"。产业互联网是数字经济的高级阶段,是奔驰在数字之路的"智能汽车"。两者"车路协同发展"必将繁荣数字经济生态,使人们迈向一个计算无处不在、软件定义一切、网络包容万物、连接随手可及、宽带永无止境、智慧点亮未来的数字经济新阶段。

产业互联网

第 20 章
新基建是路，产业互联网是车，推动数字经济迈向新的高级阶段

原文题目《新基建是路，产业互联网是车，推动数字经济迈向新的高级阶段》，作者田杰棠、闫德利，发表于腾讯研究院微信公众号（2020年4月18日），有微调。

我国数字经济发展成就举世瞩目。然而，随着网络连接从"人人互联"迈向"万物互联"，技术应用从侧重消费环节转向更加侧重生产环节，数字经济"道路不畅"和"车型单一"的问题日益凸显。因此，从 2018 年开始，政府和业界分别谋篇布局新基建和产业互联网，为数字经济注入了强劲的发展动能。新基建是"路"，产业互联网是"车"，"路车协同"推动数字经济发展迈向新的高级阶段。

一、新基建和产业互联网是数字经济换代发展的核心动力

20 世纪 90 年代，数字经济在我国汹涌而至，其发展图景波澜壮阔又扣人心弦。短短十余载，我国跃居世界第一网民大国、世界第一网络零售大国，数字经济规模居全球第二位，诞生了腾讯、阿里巴巴、百度等一批全球领先的互联网企业。然而，这一阶段数字技术主要在消费领域进入大规模商业化应用，数字经济仍面临着"道路不畅"和"车型单一"的问题，信息基础设施不完善制约了新技术、

第四篇 新基建是"路",产业互联网是"车"

新应用、新业态的萌发,企业数字化转型滞后则限制了数字经济发展空间。

2018年,政府和业界敏锐地抓住瓶颈,分别从基础设施和行业应用两个方面,谋篇布局新基建和产业互联网,为数字经济注入了更加强劲的发展动能。新基建是适应数字经济换代发展时代要求的"高速公路",产业互联网则是高速路上高效运行的"智能汽车",两者的协同发展必将繁荣数字经济生态,使人们迈向一个"计算无处不在、软件定义一切、网络包容万物、连接随手可及、宽带永无止境、智慧点亮未来"的数字经济新阶段。新基建和产业互联网的概念均起源于2018年。在当年4月全国网络安全和信息化工作会议上,习近平总书记就"信息基础设施"和"网络基础设施"进行强调;年底的中央经济工作会议又对新基建进行了布局。

进入2020年,中央多次重要会议高规格提及,新基建迅速升温。新型基础设施(也称为"信息基础设施"、"新一代信息基础设施"或"数字基础设施")是相对传统基础设施而言的,其含义和范畴会根据发展形势及工作需要与时俱进。根据中央历次重要会议和领导人讲话,到目前为止明确提到的新型基础设施有六大门类,即**5G网络**、**云计算平台**、**数据中心**、**人工智能**、**工业互联网**和**物联网**。"产业互联网"这一术语则起源于市场,是产业实践的智慧结晶,被企业界广泛接受。2018年9月30日,腾讯公司提出"扎根消费互联网,拥抱产业互联网"的新战略,从而点燃了产业互联网的热度。

二、新基建是"路",是产业互联网充分发展的基础条件

与消费互联网相比,产业互联网对信息网络的要求更为苛刻,在高精度、低延迟、互操作、安全性、低功耗等方面有着更高水平的要求。以制造业为例,首先,需要生产环节的广泛接入,能感知生产线的每一个细微参数(物联网);其次,需要大量的存储空间,万物互联时代的数据量十分惊人(数据中心);再次,需要安全、高速、低时延的网络(5G网络);最后,还需要对生产过程各环节的智能化控制(人工智能)。此外,这些都需要强大的算力支撑(云计算)。因此,如果没有新基建,产业互联网的深度应用几乎没有可能。

新基建是产业互联网发展的必要条件,但不是充分条件。新基建只是提供了基础的技术支撑,具体的应用还需要广大企业共同努力探索,不断挖掘产业互联网的深度应用场景。高速公路为智能汽车提供了畅通快捷的出行条件,但并不是每家企业都能生产出适宜的汽车。一言以蔽之,对产业互联网而言,新基建不是万能的,但是没有新基建是万万不能的。

三、产业互联网是"车",是新基建顺利推进的需求支撑

在传统基建中,政府是主导者和投资方。在新基建中,政府的角色可能发生一些变化,更多体现为投资动员方,

第四篇　新基建是"路"，产业互联网是"车"

企业将成为重要投资主体。最近两年，我国一般公共预算收支紧张，政府性基金收入也受房地产调控而增长乏力，如果国有企业的投资回报率过低，必然为各级财政带来较大压力。

从 5G 网络来看，2020 年中国移动、中国电信、中国联通和中国铁塔的 5G 投资预算合计达 1973 亿元，远远超出四家公司在 2019 年的利润之和（1436 亿元）。在手机用户潜在市场增长空间有限的情况下，电信运营商纷纷布局产业互联网，把产业互联网作为新基建应用的最大期望之所在。因此，如果没有产业互联网，新基建的投资回报率会大大降低。

产业互联网是保障新基建顺利推进的有效支撑。基于新基建，产业互联网将展现出充足的活力和广阔的空间，在助力传统产业提质增效方面发挥日益重要的作用。以腾讯方案为例，以往的飞机核心部件的复材检测需要耗费几个老师傅、数十小时、几十万元的成本。通过腾讯的人工智能辅助检测系统，现在只需要一个普通检测员花几分钟时间就能完成。华星光电公司借助腾讯的人工智能图像诊断技术对液晶面板进行缺陷智能识别，可以检测出肉眼难以发现的细微缺陷，识别速度提升了 10 倍，缩减人力成本 50%，效率得到显著提升。

四、政府部门可给予适度的政策扶持

新基建为产业互联网带来了发展机遇。但正如我们反

复强调的,这种机遇并不是水到渠成、自然而至的,其中还存在着较大的不确定性。而且,新冠疫情对企业投资能力的负面影响较大,可能导致企业不敢冒风险探索新的业务模式。因此,呼吁政府部门,可给予产业互联网一定的政策扶持,以保障新基建的顺利推进。

一是建设示范应用平台,为广大企业提供数字化转型的公共服务支撑。以工业互联网为例,行业主管部门可以牵头建立实验性的应用示范平台,探索不同应用场景的具体实现,有市场前景的成功应用模式后,再进一步向行业推广、扩散。牵头不意味着一定全部由政府投资,可以联合科研机构、企业一起建设。

二是鼓励、启动对产业互联网的需求响应。新基建的经济外溢性比较强,但也有着技术更迭快、市场竞争激烈的鲜明特征,要实现项目的财务收支平衡并非易事。在这种情况下,鼓励对产业互联网的需求进行相应,应该成为政策着力点之一。比如,可以以技术改造补贴方式支持企业进行数字化改造升级,也可以参考创新券的模式为中小企业提供直接的需求补贴。

第五篇
产业互联网促进经济高质量发展

我国经济已由高速增长阶段转向高质量发展阶段。作为互联网和国民经济深度融合的产物,产业互联网是推动经济高质量发展的有力抓手,是实现质量变革、效率变革、动力变革的关键。进入产业互联网时代,实体产业将是真正的主角。互联网公司是传统产业的"数字化助手",是连接器、工具箱和生态共建者,帮助实体产业在各自的赛道上成长为世界冠军。

第 21 章
加快发展产业互联网，促进实体经济高质量发展

原文题目：《关于加快发展产业互联网促进实体经济高质量发展的建议》，作者马化腾，原文系马化腾先生在2019年全国"两会"上提交的"人大代表建议"。

2018年10月习近平总书记在广东考察时指出："实体经济是一国经济的立身之本、财富之源。""经济发展任何时候都不能脱实向虚。"当前，互联网、大数据、人工智能正加速与实体经济深度融合。作为融合的产物和载体，产业互联网为实体经济高质量发展提供了历史机遇和技术条件，将对实体经济产生全方位、深层次、革命性影响。

一、产业互联网是互联网发展的高级阶段，也是传统产业转型升级的必然要求

最近20年，我国消费互联网蓬勃发展，即时通讯、社交网络、电子商务、移动支付、数字内容等业态不断推陈出新，涌现出了一批世界级的互联网公司，深刻改变了人们的生活方式和学习方式。随着"互联网＋"的纵深推进，互联网加速与农业、工业、建筑业和服务业的深度融合，传统产业日益成为使用互联网、发展互联网的重要主体，产业互联网快步走来，必将深刻改变人们的生产方式。

产业互联网的内涵十分丰富，它是以企业为主要用户、

第五篇　产业互联网促进经济高质量发展

以生产经营活动为关键内容、以提升效率和优化配置为核心主题的互联网应用和创新，是互联网深化发展的高级阶段，也是传统产业转型升级的必然要求。产业互联网和消费互联网相辅相成，互为条件和支撑，是一体之两翼、驱动之双轮。消费互联网是基础，没有消费互联网的支撑和助力，产业互联网就如同无本之木，无法成长为茂盛的森林。产业互联网是提升，没有产业互联网的升级和拓展，消费互联网就如同沙漠细流，永远不能到达辽阔的大海。

我国经济已由高速增长阶段转向高质量发展阶段。加快发展产业互联网，对实体经济高质量发展具有重要意义。正如习近平总书记所指出的："要推动产业数字化，利用互联网新技术新应用对传统产业进行全方位、全角度、全链条的改造，提高全要素生产率，释放数字对经济发展的放大、叠加、倍增作用。"加快发展产业互联网，是统筹推进制造强国和网络强国的战略举措，是发展数字经济、建设数字中国的有力支撑，对于激发微观主体活力、增强实体经济的创新力和竞争力具有重要意义。

二、作为"数字化助手"，互联网企业助力实体经济高质量发展

互联网的主战场正由上半场的消费互联网，向下半场的产业互联网演进。在消费互联网时代，互联网公司独领风骚；在产业互联网时代，传统企业将成为真正的主角。互联网公司不是与传统企业去赛跑竞争，而是作为它们的

"数字化助手"，做好连接器、工具箱和生态共建者，帮助实体产业在各自的赛道上成长为世界冠军。

（一）做好连接器，为各行各业进入数字世界提供最丰富的数字接口

连接是互联网的本质特征。消费互联网以人为中心，主要连接人与人、人与物、人与服务。产业互联网以企业为重点，将拓展延伸至连接机器设备、物资材料、工厂企业、产业行业，具有连接数量众多、行业应用广泛、流程再造全面的典型特征。

互联网企业是连接器，是实现数字世界和物理世界泛在互联、高度融通的纽带，为实体企业由物理世界迈进数字世界提供丰富的数字接口。互联网企业帮助打通线上线下，有效减少"信息孤岛"，激发市场活力，培育形成多样化、系统化、安全可控的传统企业数字化转型方案。

（二）做好工具箱，为各行各业数字化转型提供最完备的数字工具

通过连接器和数字接口，各行各业成功迈入数字世界的大门。在产业互联网的漫长征程中，还要有完备的数字工具。数字工具为实体经济数字化转型提供了技术条件，助力传统产业迈向数字化、网络化和智能化。

互联网企业是工具箱。例如，腾讯公司就可提供公众号、小程序、移动支付、社交广告、企业微信、"云大智"

（云计算、大数据和人工智能），以及安全能力等七大数字工具。这些工具与传统企业的能力素质相结合、相配套，塑造出全新的数字竞争力，不断提高数字化生存能力。

（三）做好生态共建者，与各行各业共建数字生态共同体

产业互联网不是一棵粗壮的大树，而是一片茂盛的森林。它是一个互相依存、开放合作的世界，不再羁于行业、地域等因素带来的条块分割，而是开始发生越来越多的关联融通。产业互联网让跨界地带产生丰富的创新空间，形成数字生态共同体。

互联网企业是生态共建者。作为深植产业互联网其中的一分子，互联网企业的命运与生态的命运、国家民族的命运紧紧不可分割。繁荣的产业互联网生态和高质量发展的实体经济，是互联网企业健康长远发展的沃土。互联网企业通过提供数字接口和数字工具，激发每个参与者进行数字创新，携手共建数字生态共同体。

三、相关建议

大力发展产业互联网，推动产业数字化，对促进实体经济高质量发展具有重要意义，但也任重道远。我们要把握数字化、网络化、智能化融合发展的契机，深化供给侧结构性改革，推动互联网、大数据、人工智能与实体经济深度融合，推动资源要素向实体经济集聚、政策措施向实

体经济倾斜、工作力量向实体经济加强，筑牢现代化经济体系的坚实基础。

（一）大力推进信息基础设施建设，夯实产业互联网的发展基础

信息基础设施具有战略性、基础性、先导性和公共性的基本特征，对国民经济发展至关重要。它也是产业互联网蓬勃发展的重要基石。"宽带中国"战略的有效实施，使我国信息基础设施水平得到长足进展。新技术的应用，物联网的发展，对此提出了更高要求，高速、移动、安全、泛在的新一代信息基础设施建设亟须进一步加速。

建议积极鼓励社会力量参与，大力推动高速光纤宽带网络跨越发展，推进超高速、大容量光传输技术应用，升级骨干传输网，提升高速传送、灵活调度和智能适配能力。加快5G和IPv6的全面商用部署，加速产业链成熟，加快应用创新。有效推动宽带网络提速降费，特别是大幅降低中小企业互联网专线接入资费水平。

（二）促进云计算创新发展，加快实体经济数字化转型

云计算和大数据、人工智能紧密关联、彼此渗透，未来各行各业将在云端用人工智能处理大数据。云计算也是产业互联网发展的重要基础，是实现效率变革的关键。过去人们常说"插上电"，现在则是"接入云"。就像"用电量"在工业经济中的指标意义，"用云量"也将成为衡

量数字经济发展水平的重要指标。云平台汇聚IT企业软硬件异构资源，通过弹性分配能力能够对各类企业的市场需求进行动态响应和快速交付，相对于传统的点对点服务模式，具有更大范围应用推广价值。

建议进一步促进云计算创新发展，推动企业稳妥有序实施上云。鼓励工业云、金融云、政务云、医疗云、教育云、交通云等各类云平台加快发展，打造具有国际水准的产业互联网平台，促进实体经济数字化转型，掌握未来发展的主动权。

（三）立足长远，多措并举，切实实现关键核心技术的突破

"关键核心技术是国之重器，对推动我国经济高质量发展、保障国家安全都具有十分重要的意义"。从互联网科技行业的实践来看，过去的创新往往是"应用需求找技术支持"，未来会有越来越多的创新来自"技术突破寻求产品落地"。腾讯公司近年不断加大对基础科学和前沿科技的投入，成立技术委员会，发起设立科学探索奖，尽可能为科研技术人员创造良好的工作氛围和团队文化，真正让科技创新和数字工匠精神成为更多人追求的方向。

建议充分发挥科学家和企业家的创新主体作用，进一步推进产学研用一体化，鼓励科研人员在科研院所和企业之间实现双向高效流动，提升科研人员的福利待遇，为科技创新营造良好的外部环境。切实提高我国关键核心技术创新能力，把科技发展主动权牢牢掌握在自己手里，为我

国经济高质量发展提供有力科技保障。

（四）做好产业互联网安全保障，建立多方协同联动的安全治理机制

产业互联网正在构建新的网络架构、技术体系和数据资源体系，开放的价值生态打破了传统产业的封闭性，促进了全社会资源要素的动态优化配置，同时也带来了更加复杂和多元的信息安全和网络安全形势。互联网企业一直将信息安全作为发展的生命线。腾讯公司成立了7个安全实验室，深入研究不同的安全领域，确保安全稳定运营海量数据。但应对产业互联网发展带来的新挑战，单靠任何一个主体都难以实现有效的安全治理。

建议充分调动政府、企业、服务机构等主体的积极性，各方共同参与，研究万物互联可能带来的风险与隐患，推动政企之间的安全信息共享，建立政府安全监管、市场安全服务、企业主体安全的协同联动机制。

（五）坚持开放融通，积极开展国际交流合作，推动建设开放型世界经济

当前，世界经济正面临增长动能、发展方式、治理体系的深刻转变，保护主义、单边主义抬头，经济全球化遭遇波折。发展产业互联网、振兴实体经济，既要立足自身发展，充分发掘创新潜力，也要敞开大门，鼓励新技术、新知识传播，让创新造福更多国家和人民。"中国经济是一片大海，而不是一个小池塘。"完备的产业体系、完整

的产业链条蕴含着最为丰富的产业互联网发展场景，这是其他国家不具备的独特优势。

建议坚持开放融通，积极开展国际交流合作，深入研究"新技术应用及其影响"，认真探索合作思路和举措，以更好引领和适应技术创新，为发展产业互联网、实现实体经济高质量发展、推动建设开放型世界经济做出中国智慧和中国方案。

第 22 章
产业互联网如何更好服务实体经济

原文题目:《产业互联网如何更好服务实体经济》,作者李晓华、司晓,发表于《经济日报》(2019年9月10日),有微调。

我国经济已由高速增长阶段转向高质量发展阶段。推进经济高质量发展,必须筑牢高质量发展的实体经济根基。眼下,随着云计算、大数据、物联网、移动互联网、人工智能等新一代信息技术的发展,互联网从消费互联网阶段发展到产业互联网阶段,信息技术的"赋能力"进一步增强,其与实体经济的深度融合,加快了实体经济数字化、网络化、智能化发展进程,从根本上改变了经济发展模式,重塑了全球产业链分工。当前和今后一个时期,如何充分认识发展产业互联网的广阔前景,更好把握其重要内涵,释放其内在潜能,助力实体经济转型升级,是我们需要研究和思考的重要课题。

一、数字经济正进入产业互联网阶段

我们认为,互联网产业的发展可以大致分为两个阶段。在 20 世纪 90 年代开始的第一次互联网热潮中,互联网技术主要在消费领域进入大规模商业化应用,门户网站、电子商务、在线游戏等主要商业模式的终端用户几乎都是消费者,这一阶段的互联网因此也被称作"消费互联网"。近年来,随着新一代信息技术的成熟和商业化,产业互联

网这一互联网发展的新阶段正在到来。所谓产业互联网，是传统网络技术与新信息技术在产业部门的深度融合与应用所形成的新型发展方式与经济活动场景。产业互联网通过互联网、移动互联网、物联网等信息技术建立覆盖企业生产经营各部门、各环节的广泛连接，并利用大数据、人工智能等新信息技术改善企业经营活动的精准性、敏捷性，提高运行效率和经济效益。

产业互联网与消费互联网相比，存在五个方面的差异。

在支撑技术上，产业互联网的技术基础不仅包括互联网、移动互联网、物联网等网络连接技术，而且包括大数据、云计算、人工智能等数据存储、处理技术，以及虚拟现实、3D打印等产业应用技术。

在连接对象上，消费互联网主要实现的是人与人之间的连接，而产业互联网以万物互联为目标，更强调生产设备、产品、服务、应用场景相互之间及其与用户的连接。

在数据利用上，消费互联网时期受制于通信网络、算力和算法等方面的限制，难以对数据进行实时采集、存储和深度挖掘，数据的价值难以得到充分体现；产业互联网则以数据为核心要素，既要求全流程、全生命周期的数据采集、流动、反馈，又致力于实现基于实时在线数据的实时分析、自主决策、学习提升，实现核心业务的自动化、智能化。

在应用对象上，与消费互联网的服务主要面向终端消费者不同，产业互联网提供的各种应用的主体是企业，新一代信息技术应用于企业从研发设计到生产制造、营销过程、售后服务等生产活动全价值链流程,从研发部门到财务、生产、营销等部门的全领域,从企业本身到企业上游供应商、下游分销商和用户的全商业生态。

在应用效果上,消费互联网实现了人与人之间的连接、信息交流,解决了企业和用户之间的信息不对称,降低了社会搜寻成本,催生出新的模式,创造出增量产业;产业互联网的着力点在产业本身,通过在优化企业内部流程、改善资源配置、提高运营效率、创新商业模式等方面发挥作用,提高实体经济的运行效率和经济效益。

二、产业互联网是促进实体经济高质量发展的重要动力

实体经济是经济平稳健康发展的根本。近年来,我国实体经济发展还面临供给与需求不匹配、成本持续上涨、创新发展动力不足等一系列问题,迫切需要加快转型升级。产业互联网的出现增强了信息技术的"赋能力",为实体经济实现质量变革、效率变革、动力变革提供了重要契机。

助力研发,改善供给质量。创新是经济增长和提高全要素生产率的根本动力。在传统模式下,研发活动人力投入多、耗资大、周期长。人工智能技术通过对科研数据的深度分析,推动科学研究从实验科学、理论科学和计算科学范式进入数据密集型科学范式阶段,显著减少研发活动的人力投入、减少资金消耗、缩短研发周期,从而加速

第五篇 产业互联网促进经济高质量发展

科学研究进程与科技成果的工程化、产业化，加快新产品上市速度，提供更多符合市场需要的产品。产业互联网引发的传统产业变革也意味着新一代信息技术更为广泛的应用，从而可以带动新一代信息技术的产业化和相关产业的高速成长，为我国发挥市场优势提供更多机遇。

数据赋能，提高生产效率。近年来，随着我国劳动力、土地等生产要素成本的攀升，实体经济发展面临较大压力。通过发展产业互联网，发挥自动化、智能化的设备和系统的作用，不仅有利于企业节约支出，降低生产成本，还能够优化生产工艺，从而提升良品率、降低原材料损耗、提高产品和服务质量、改善生产效率。目前许多制造业企业已经开始在质量检测环节采用人工智能图像识别技术，显著提高了检测的速度和效率；通过人工智能技术对农业、制造业生产参数进行优化，能够使产量、品质获得显著提高。

打通产销，快速响应市场。供给与需求不协调的一个重要原因在于，供需双方存在着严重的信息不对称，供给方无法准确了解市场需求及其变化趋势，从而出现供给与需求的错配，造成库存积压、产能过剩。通过打通消费互联网与实体经济的连接或由实体部门建立与用户的直接联系，实体企业能够更精准地掌握用户需求，更好地设计满足消费者需求的产品，并基于数字孪生[1]、智能制造的高度柔性重构生产系统，实现低成本、大规模的定制甚至按需定制。通过物联网、移动互联网等信息技术将供应链上下游紧密连接起来，能够使企业按需排产，尽可能降低库存，提高供应链的响应速度，而且能够实现产品的全生命

[1] 数字孪生（Digital Twin）是指利用物理模型、传感器数据和运行数据，构建全面而科学的映射与仿真过程，反映出对应的实体装备的整体运行状态与结果。

周期可追溯，改善供需信息不对称状况，提高产品和服务的质量。

业务创新，拓展增值空间。新一代信息技术与既有产业的深度融合会带动各个产业在产品、商业模式、业态等方面的创新，从而提高产品或服务的吸引力、竞争力，催生新的市场需求。许多制造企业以新一代信息技术为支撑，全面整合产品和服务，开展在线监测、个性化定制、信息增值服务、全生命周期管理、系统解决方案等服务型制造活动，不但增加了用户黏性，而且通过把一次性的产品销售收入转化为持续性的服务收入，促进了收入与利润的增长。比如，未来智能汽车的网联化将使汽车成为一个移动的办公、娱乐空间，催生基于智能网联汽车的一系列新型服务。

三、我国具备发展产业互联网的良好基础

我国是全球最大的新兴经济体，产业互联网在我国有极为广阔的发展前景，将催生数万亿元的庞大市场，为我国经济增长注入新的动力。发展产业互联网，我国在技术与市场、供给端与需求端都具备良好的基础。

在供给端，我国具备信息技术赋能的技术和能力储备。我国数字经济规模居于世界第二位，消费互联网的发展不但孕育出一批世界级的平台企业，而且数字经济领域创新、创业、创造活跃，拥有一大批细分行业领军企业。在人工智能领域，我国无论是技术水平、企业数量还是产业规模

都居世界前列。一些行业领先的实体经济企业大力推动数字化转型，积累了丰富的经验，并将信息赋能技术以平台、软件包、解决方案等形式开放共享。我国电商、社交、搜索等消费互联网的成功发展积累了大量数据，为产业互联网的发展提供了重要的数据资源。

在需求端，我国具有发展产业互联网的内在动力和巨大市场需求。这些年来，随着我国居民收入和消费水平的提高，消费者对更优质量、更高品质的产品的需求不断增长。国内消费升级、高水平对外开放的市场拉力以及竞争优势转换的压力，亦对实体经济应用新一代信息技术进行改造升级提出了迫切要求。作为世界第二大经济体和制造业第一大国，我国实体经济规模大、产业门类齐全、产业发展层次多，为产业互联网发展提供了规模大、成长性好、应用场景丰富的市场空间。

总之，推动产业互联网的发展，根本上要发挥市场机制的作用，调动包括互联网企业、实体经济企业等各类市场经济主体的活力；同时政府也需要在推动信息网络等新型基础设施建设、产业共性技术研发、实体企业的数字化改造、行业信息化标准建设、数据开放和数据保护等方面发挥积极作用，为产业互联网的发展创造良好的条件。

第 23 章
产业互联网和人工智能如何重塑中国经济

原文题目:《产业互联网和人工智能如何重塑中国经济？ 企鹅经济学》，作者钟鸿钧，发表于腾讯研究院微信公众号（2018年8月29日），有细微调整。

一、引言

在过去的十多年时间里，全球经济面临一个比较大的挑战就是如何重塑经济增长。2005—2014年，全球最发达的经济体的增长率长期停滞不前，急需要寻找一个新的经济增长驱动力量。

互联网在中国经历了 20 年的快速发展之后，已经取得令世人瞩目的成就。特别是随着智能手机的普及，移动互联网在中国已经相当发达。根据中国互联网络信息中心的数据，截至 2020 年 3 月，中国境内手机网民规模为 9.04 亿 [2]。

[2] 数字来源：CNNIC：2020 年 4 月《第 45 次中国互联网络发展状况统计报告》。

得益于中国特殊的市场规模和移动互联网的发展，中国的消费互联网市场发展迅速，代表性的电商平台如阿里巴巴、社交及游戏公司腾讯，这两个公司以市值计均位列全球财富五百强的前端。

当前，人们关注的热点是中国的互联网红利是否已经消失，传统产业的互联网转型是否会带来新的增长机会？

此外，人工智能最近这几年发展迅速。2017 年中国的人工智能（AI）投资仅次于美国，成为新的投资热点，政府也不断推出鼓励和支持的相关政策。

这种变化引发业界和学界的思考，是不是会出现新的驱动经济增长的力量？这个力量如果能够驱动经济增长，其对于整个社会的改变会有哪些影响？

1999年，美国微软公司的创始人比尔·盖茨有一个非常有名的论断：商业新法则就是"互联网会改变一切"。从他提出这个论断到现在已近二十年，可以看到，电影、阅读、新闻等商业模式都发生了巨大的变化。

但另一方面，还有很多东西没有发生变化或变化甚少，如航空发动机的数据获取，1960年和2015年的方式并没有太多的变化。很多产业，如海关报关等，也没有发生实质性的变化。在今天，一个备受关注的问题是，人工智能对于社会将有多大影响？

笔者将从产业竞争和战略的角度来讨论产业互联网和人工智能会如何重塑中国经济的问题。主要讨论三个问题：

第一，人工智能和互联网对经济增长的影响。人工智能和互联网是否有可能提高经济的长期增长水平？

第二，产业互联网将如何影响产业竞争的格局？它对整个经济的增长有什么样的影响？

第三，产业互联网和人工智能如何影响产业结构的变化？特别是产业互联网和人工智能是否会导致产业的平台化？这种平台型的组织又会对社会产生多大的影响？

分析的综合结论有两点。

第一，产业互联网和人工智能会大幅度提升生产力。而且产业互联网和人工智能会提升要素配置的效率，进而提升生产率。因此，可以乐观看待经济的长期增长率。

第二，平台和组件的模式会影响一切组织和经济形态。平台会影响国家的竞争、城市的演变和产业转型。一切组织都会向平台化的方向发展。

二、人工智能和经济增长

经济的长期增长，主要是来自全要素生产率的增长。全要素生产率的增长，除了科技（包括人工智能）的进步，还包括管理效率和要素错配这两个问题带来的影响。

大量的数据表明，经济的长期增长率一直在下降。无论是 20 世纪 80、90 年代还是千禧年后，整个世界的 GDP 增速一直在下降。

Gordon（2016）提出，美国的长期经济增长将继续下台阶。Gordon 研究了美国过去 150 年的经济发展史，认为美国的经济发展趋势呈现倒 U 型的曲线特征。美国经济大约从 19 世纪 70 年代开始快速上升，到 20 世纪 50 年代升至顶点，之后逐步下降。

Gordon 的一个略为意外的发现是，从 20 世纪 70 年代开始，美国经济的增长表现非常普通，特别是创新的步伐和技术进步带来的增长并没有惠及更多人。

为什么现在大家如此关心人工智能的发展？很重要的一个原因是，希望能够找到提升经济增长新的关键要素，希望找到推动经济持续增长的新动力。这是大时代的背景。

人工智能是否会推动经济增长和提升生产率，对中国同样非常重要。主要考虑两个方面：

一是因为目前对中国经济长期增长源泉的解读有很多误区。很多人认为中国经济的增长来自投资的驱动，认为由于投资占比已经很高，且投资回报率逐步降低，所以中国的经济增长必然下行、趋缓。

二是人工智能对组织生产活动的要素配置会有影响。如果人工智能可以提升要素配置效率，那么经济增长的潜力也会提高。

Zhu（2012）的研究表明，与很多人想象的不同，中国经济的增长主要来自效率的提升，而不是来自投资的增加。虽然投资的增加是经济增长很重要的一部分，但最主要的增长还是来自经济效率的提升。他的这一发现在学术界受到了越来越多的关注。

这一研究的重要性不仅在于其给出了一个与"主流观念"很不一样的观点，更重要的在于这个研究对判断经济增长的潜力有非常大的参考意义。

根据这一研究，1978—2007年，在中国经济增长的贡献中，有70%是来自全要素生产率的增长。这一结论非常重要，意味着中国长期经济增长仍然有非常大的空间。

这是因为在经历了40年的高速增长后，中国的全要素生产率仍然只有美国的20%多。这表明通过提升全要素生产率来促进中国经济增长的空间非常大。这就是人工智能和新的经济增长动力如此重要的根本原因。

由此，需要一个坚实的支持经济增长的微观理论基础来对当前的经济形势进行解释和指导。人工智能可以看作是广义的机器自动化。在经典的索罗模型中，可以借助一个简单的增长模型来讨论人工智能对经济增长的影响。

参考ZEIRA（1998）的经济增长模型，简单来说，经济增长实际上可以看成一个抽象的生产函数。一个国家的产出是由生产力、资本和劳动共同决定的。

根据这一模型，可以推导出一个重要的结论：经济的增长速度与自动化的比例呈正相关性，即自动化的提升会增加长期的增长。此外，自动化比例的提升意味着资本在总产出中的占比提高。

这个简单的模型有两个非常重要的含义。

第一，人工智能在理论上有可能会带来经济的持续增长。人工智能比例的提升，会带来经济增速的持续提高。这实际上就是从经济学上定义的"奇点"。经济学家在这方面向自然科学学习了很多。这里的所谓奇点，从经济学角度来说，就是持续的超高增速。

第二，资本和劳动在产出中的占比关乎收入的分配及平等和长期的社会稳定。资本占比提升和劳动的占比越来越低意味着贫富差距会增加。资本家是成为人工智能的投资者和获益者，而普通的工人则可能成为"受害者"。

对于人工智能对经济增长的影响，在给出确定结论前，可以简要回顾一下历史。关于人工智能的争论其实是一个历久弥新的话题，从信息技术一出现，大家就在讨论这个问题。

20世纪90年代，《经济学人》曾刊文表示一种悲观论点，认为，计算机不会提升人们的生产力。Zachary（1991）认为数据过载限制了生产率的提高。而信息技术对生产率的提升是显而易见的。1996—1999年，美国私人部门的年均增长率达到2.8%，是1980—1995年的2倍。这段时间可以明显看到信息技术带来的生产力的提升。

人工智能倡导者和行为经济学发明人西蒙也认为计算机和自动化会推动生产力的持续提升，但可能不是加速地提升。持续加速就是前面提到的奇点，即人工智能应当会持续提升生产率。业界的研究也支持这一判断。

埃森哲（Accenture）的研究表明，美国生产率的增长受益于人工智能，到了2030年可以实现翻倍，意味着全球的经济增长可能重新进入高速增长的环境，全球经济将进入新的增长周期。

经济增长的源泉无外乎生产率的增长、资本投入的增加或劳动人口的增长。如何理解抽象的增长模型中人工智能会导致长期的经济总量增长？

第一，从资本的角度看，对人工智能的投资会产生很多不会折旧的资产，甚至还会增值，这是因为人工智能有学习能力，它可以积累海量知识和经验，它一天比一天更聪明。这与传统的资本完全不同。

第二，从劳动力的角度看，人工智能与劳动力之间的替代关系和互补关系同时存在。在国民经济的很多部门，人工智能会逐渐替代人工，但在其他很多部门，人工智能与劳动力之间是互补的。而且人工智能对劳动力的替代，有可能意味着人们会接受更多的教育，从而带来劳动生产率的提升。

从历史的经验来看，可以参考信息技术对生产率的影响。1996—1999年是美国信息技术、互联网开始发展的时期。这段时期，美国全要素生产率年均增长 2.8%，是 1980—1995 年的两倍。这一数据表明信息技术与互联网会使生产力有大幅度的提升。

第一次工业革命时期（1850—1910 年）蒸汽机驱动的经济增长率为 0.3%，而第三次工业革命，信息技术驱动的经济增长率是 0.6%。

有估算认为，人工智能驱动的经济增长率会在 0.8%~1.4%。虽然这个数字还难以确认，但有充分的理由相信，人工智能对整个经济效率的提升有非常大的帮助。

除了人工智能直接带来的经济增长，还有两个与人工智能间接相关并会提升经济增长的原因。

第五篇 产业互联网促进经济高质量发展

第一,来自管理和组织效率的提升,这个是在微观层面上的。

Bloom(2007)等学者的研究表明,不同国家的企业管理水平差别很大。假设企业管理水平的总分是5分,将各国企业管理水平得分排名,美国、日本、德国名列前茅,中国当时的得分则仍然处在一个非常低的水平上。这一研究对于理解中国经济增长的长期潜力有非常重要的意义。

中国是在相对低的管理水平的基础上取得近四十年的高速增长的。如果中国能够借鉴国际先进的企业管理经验、提升组织管理效率,就可以大幅提升中国的经济增长水平。

第二,要素错配的问题。

要素错配对经济增长的影响近年来在学术界引起了很大关注。提升经济增长的另外一种方式是,改善要素错配。要素错配导致经济效率的损失,如果中国能够改善经济要素的配置效率,就可以提升经济效率,进而促进经济增长。

谢长泰等的研究表明,与理想状况相比,中国的全要素生产率提升可以超过100%;即使是与美国的实际水平相比,中国的全要素生产率仍然会有3%~50%的提升。这表明,如果中国能够改善要素配置水平,经济增长的潜力就会持续提升。

总体来讲,跨部门、跨行业的生产率都存在差别。一个国家的企业生产率数据分布状态越集中,表示企业之间的生产效率越是接近的;越分散则表示不同企业的生产效率的差别越大。而中国企业的生产效率差别较大，有很大的提升空间。

中国消费互联网的发展已经证明了提升要素配置促进经济增长的作用。阻碍要素配置效率有几个重要影响因素，包括企业所有权和政治的联系、大量的非正式部门等。

但人工智能的发展会导致这些非正式部门的快速消失。这就是产业互联网和人工智能的出现会改善要素配置效率、促进经济增长的原因。

三、产业互联网的影响

在消费互联网中，已经出现的代表性企业有美国的Google、Apple、Facebook、Amazon等，中国的百度、阿里巴巴、腾讯等。

但产业互联网还正在发展中，目前还看不到明确的巨头。美国的通用电气（GE）是在产业互联网方面转型最坚定的企业，但目前仍然没有看到非常明显的竞争优势。

什么是产业互联网？笔者的定义是，产业互联网是通过互联网来重构产业的价值链和创造新的价值，而不是简单地在互联网上加一个东西，其范围其实是非常广泛的。

需要正确理解产业互联网与通常所讲的"互联网+"或"+互联网"的区别。

以婚介市场为例，婚介市场是一个具有很大商业价值

第五篇 产业互联网促进经济高质量发展

和社会价值的大市场。简单的"互联网+"就是把"婚介"搬到网上去，即国内很多婚恋网站的模式。这种做法只是把线下的婚介搬到线上。其目标是尽可能多地促进互动（Interaction）。但美国有一家与众不同的婚恋匹配的网站，叫做eHarmony，美国这家公司有较大的不同——要成为该网站的会员，需要花4个小时做心理学专家精心设计的250道问题。这种做法的好处在于，可以剔除哪些不是严肃找婚恋对象的用户，有效提升匹配效率。该网站的核心就是进行价值链的重构。整个网站是在"信任"的基础上，给用户提供严肃、有效的匹配。这种做法完全改变了婚恋网站的商业模式和治理方式，这便是可类比的产业互联网与"互联网+"的区别。

产业互联网是一个巨大的市场，发展空间巨大。对该市场，通用电气的估计是32万亿美元，占到了美国46%的GDP。根据思科公司（Cisco）的估计，到2020年，通过产业互联网，美国公司的利润可以增长21%。

虽然目前中国市场上没有明确的产业互联网巨头，但可以期待产业互联网会为中国带来同样的巨变。革命性的新产品或新服务一定会出现，类似于苹果创造新的市场，或是特斯拉改变世界汽车产业的方式。

特斯拉在某种意义上颠覆了汽车产业。其实，电动车并不是新东西，爱迪生是最早看到电动车前途的。真正驱动汽车产业大发展的是福特的T型车和汽车能源的使用方式。特斯拉的重要性在于，其对汽车产业的两个根本性改变：自动驾驶系统和充电电池系统。这就是为什么特斯拉的市值会超过传统的汽车巨头通用汽车。需要看到的是，特斯拉试图做的是成为汽车产业"Microsoft + Intel"的结合体。

新的应用效率可能会降低成本，提升满意度和安全性。因为在整个生产、服务领域，都会有非常大的改变。

提到产业物联网，如果效率的提升会带来整个产值的增加，那么无论是航空、电力、健康、铁路，还是石油、天然气，产业互联网和人工智能对上述产业的改变都会非常大。

四、平台化组织

今天全球 TOP 10 公司很多都是平台型公司，包括 Google、Apple、腾讯、阿里巴巴等。平台型公司的商业模式会影响到很多层面，包括国家层面、地方政府、城市，以及相关产业。人工智能的出现，会加剧这个过程的演变。

以 PC 产业的演变为例，传统计算机产业的典型代表是早期具有垂直整合结构的 IBM 公司，即计算机的所有零部件都由公司本身生产。但今天的计算机产业是一个非常碎片化的产业，由极少数的关键玩家主导，如 CPU 芯片由 Intel 公司主导，操作系统由 Microsoft 公司主导，其他的部件则由标准化配件提供商生产。

计算机产业从垂直整合结构演变为分散水平结构，意味着这个产业的利润被少数平台型公司获取，其他公司只

第五篇　产业互联网促进经济高质量发展

能赚非常薄的利润。这是非常重要的趋势演变，PC产业的演变，将来有可能会在很多产业中复制。

任何一个行业，如果像PC产业一样演变，就意味着产业里绝大部分公司只能退化成一个提供标准化组件并获取市场平均利润的"普通公司"，而主导产业演变的平台型公司则将领导整个产业并获取绝大部分的利润，如智能手机平台的Apple、搜索平台的Google、电商平台的阿里巴巴和社交平台的腾讯。

起主导作用的平台型组织的演变，对社会产生的影响主要是三个趋势：

第一个趋势是，平台化完成之后，产业的合作和融合更加明显。

一些提供单一功能或服务的企业存在通过其独特服务渗透到其他产业进行平台覆盖的可能。产业的分散化意味着核心的主导公司可能通过技术颠覆传统产业。

如在汽车产业，传统的主导公司是通用（GE）、福特（Ford）、奔驰（Benz）等汽车制造商，但在自动驾驶和新能源时代，Google、Tesla可能通过其全新的驾驶技术或充电技术颠覆传统产业。新兴的科技公司也有可能通过智能手术技能来颠覆传统的医疗产业。

第二个趋势是，人工智能的基础设施能够促进增长，包括硬件、数据。庞大的数据会使大公司的优势加强。

平台的演变会影响一切经济形态和组织形态，意味着平台的模式将主导一切，平台型的国家会出现。

人工智能会使中美两国在资本、技术方面的优势进一步强化。而平台型城市会使人才和资本的规模效应更强，更集中在大城市。深圳就是非常典型的"平台型城市"。

第三个趋势是，平台型产业的普遍化。

现在还没有看到人工智能这个产业里出现非常典型的突出企业，但将来一定会有某个企业提供主导机器的操作系统。这样的产业会产生一个领导性的企业，类似于 Microsoft 的超级平台。

可以肯定的是，目前经济体量较大的国家在人工智能方面的投入会非常多，进一步导致国家间的强弱分化。

五、结论

本文主要讨论了三个问题：人工智能和互联网怎样带来新的经济增长？产业互联网如何影响产业竞争的格局，它对整个经济的增长有什么样的影响？平台型组织的演变会对社会产生多大的影响？

无论是历史的数据还是理论分析都表明，可以适度乐观地看待产业互联网和人工智能对经济的影响。人们有理由相信，产业互联网和人工智能会大幅度提升生产力，并推动长期经济增长。

同时，笔者认为，"平台＋组件"的模式会成为标准组织形态，包括国家、城市和产业，整个社会都会全面向平台化发展。

产业互联网和人工智能会加速中美两国成为全球的两大经济平台，全球的城市会越来越规模化，"平台型城市"也会越来越多。

将有更多的产业向平台型组织转型，每个产业都可能由极少数平台型企业加上无数的组件型参与企业构成。

第 24 章
充分释放产业互联网的公共价值：
以服务业为例

原文题目：《充分释放产业互联网的公共价值：以服务业为例》，作者李勇坚，发表于腾讯研究院微信公众号（2020年4月21日），有删节和修改。

我国政府对各个产业的互联网应用高度重视。2015年7月，国务院发布《关于积极推进"互联网+"行动的指导意见》，将"互联网+"作为新时期产业发展的重要战略方向。在实际执行过程中，对制造业的"互联网+"高度重视，并出台了大量关于工业互联网、智能制造的指导性文件。我们认为，"互联网+"行动的核心是利用互联网等数字技术对企业端（B端）进行改造提升，改造的对象不局限在工业领域，在农业和服务业也大有可为。特别是，服务业的产业互联网应用不仅能够大幅提升企业生产经营效率，还具有重要的公共价值和社会效益。

一、从工业互联网到产业互联网的必要性和紧迫性

[3] 2019年《第四次全国经济普查公报》显示，服务业呈现出了稳健的发展态势，作为我国第一大产业的地位越来越巩固。

随着服务业作为"第一大产业"[3]的地位越来越巩固，以及制造业和服务业日益渗透融合，统筹推进服务业和工业的产业互联网化，推动互联网应用从工业领域拓展到所有产业，不仅必要，而且十分迫切。我们有必要把工业互

联网战略拓展升级为产业互联网战略，系统推进国民经济各行各业的数字化转型。

（一）服务业在促增长和稳就业方面的作用增强

服务业已成为我国规模最大、就业人数最多的行业。2019年我国服务业增加值53.4万亿元，占GDP比重为53.9%。服务业对经济增长的支撑作用也日益明显。从2015年开始，我国服务业对经济增长的贡献率超过50%（53%），到2018年时接近60%（59.7%），是支撑国民经济增长的主要力量。

从就业来看，服务业更是就业领域的绝对主力。2018年，我国服务业就业人数达到近3.6亿人，占就业总人数的46.3%。从2012年到2018年，我国第一产业就业人数减少5515万人，第二产业减少1850万人，而服务业增加8248万人。2020年，我国高校毕业生预计达到700万人，就业压力也是近几年来最大的。因此，推动服务领域产业互联网应用，具有"促增长、稳就业"的重要战略价值。

（二）产业互联网是治愈服务业"成本病"的一剂良药

在互联网兴起之前，普遍的观点是，当经济转向服务化阶段时，其生产率可能会趋于下降[4]。这就是所谓的服务业的"成本病"问题[5]（Baumol's Cost Disease）。因此，服务业生产率的提升将是经济持续增长的关键[6]，一项对英国与美国自1870年以来长期生产

[4] 结论引自：(Fuchs, 1968; Baumol, 1967; Anne-Kathrin Last and Heike Wetzel, 2010)。

[5] 也译为鲍莫尔成本病（Baumol's Cost Disease）。

[6] 结论引自：(Baharom, A.H. and Habibullah, M.S., 2008)。

产业互联网

率增长的比较研究也证明了这一事实[7]。美国的Joe P. Mattey于2001年指出，在1977—1996年间，美国的服务业人均产出以每年0.5%的速率下降，而劳动力成本以每年6.9%的速率上升。大量的实证研究表明，在二战后至20世纪80年代中期的经济增长过程中，服务业的生产率增长是最慢的，尽管在这个信息化时代，服务业使用了越来越多的信息技术。正如诺贝尔经济学奖获得者、著名经济学家索洛所指出的，我们到处都可以看到计算机，除了在生产率领域，这就是著名的"索洛生产率悖论"。摩根士丹利首席经济学家Steven Roach于1987年也指出，计算机使用的巨大增加并没有对经济绩效产生影响。

统计数据表明，1961—1973年，世界经济合作与发展组织（OECD）18个成员的全员生产率平均从每年3.25%下降到1974—1992年的1.09%，而劳动生产率则从1961—1973年的平均4.41%下降到1974—1992年的1.81%，美国也有类似现象。Robert J. Gordon于1996年指出，1950—1972年，美国的制造部门每小时产出增长率为2.9%，1972—1987年，增长率下降为2.2%。与此相对应地，1950—1972年、1972—1987年、1987—1994年私人非农业非制造业部门的每小时产出增长率分别为2.1%、0.4%、0.8%。对这些问题可能的传统解释包括但不限于：石油危机的冲击、劳动力质量的下降、低水平的投资额、基础结构的老化、资源与知识的匮乏。

随着互联网大规模应用，经济学家发现很多服务领域的生产率大幅度提升。学者Jack和Barry指出[8]，在

[7] 资料引自：
(Stephen Broadberry, Sayantan Ghosal, 2005)。

[8] 结论引自：
Jack E. Triplett and Barry P. Bosworth (2003)。

1995年之后，服务部门的劳动生产率增长要远远快于商品生产部门，其结论具体参见表23.1。如果从总产出水平来考察，在服务业内部的子行业中，经纪业与金融业的劳动生产率增长非常快。他们认为，Boumal提出的"成本病"已治好。在服务部门劳动生产率增长的贡献因素中，IT资本深化起了最重要的作用。因此，通过在服务领域推广产业互联网，能够治愈服务领域的"成本病"，支撑服务领域生产率的持续增长。

表23.1 美国商品生产部门与服务部门的劳动生产率与MFP增长

	1987—1995	1995—2001	变化率
劳动生产率			
私人非农业部门	1.0	2.5	1.5
商品生产部门	1.8	2.3	0.5
服务部门	0.7	2.6	1.8
全要素生产率（MFP）			
私人非农业部门	0.6	1.4	0.8
商品生产部门	1.2	1.3	0.1
服务部门	0.3	1.5	1.2

资料来源：Productivity in the Services Industries: Trend and Measurement Issues, Brookings Institution, working paper, TABLE 1.

（三）产业互联网：从效率提升到公共价值

从服务业应用产业互联网的基础来看，2018年，我国的服务业中数字经济比重为35.9%，显著高于全行业平均水平，是"三大产业"中数字化水平最高的。但从服务业内部各个行业来看，数字化水平差异较大，保险、广播电视电影和影视录音制作的数字化水平超过50%，而建筑装饰和其他建筑服务、餐饮业等行业的数字化水平低于10%。因此，服务领域应用产业互联网具有较大的发展空间。

从产业互联网在服务领域的应用来看，其价值其实已超越了效率的提升。因为服务领域的特殊性，产业互联网的应用，在提高效率、提升社会生活质量、增加均衡性、减少社会浪费等方面都发挥着极大的作用。这些甚至没有体现在官方计算的生产率基础之上。例如，据美国官方统计，美国健康保健业的生产率在过去10年中下降了20%以上，全要素生产率（MFP）比1960年下降了近40%。而事实上，许多新的药品、设备和诊疗手段不断地被发明出来，使现在的医疗诊断更精确、病人在医院停留时间更短、治疗痛苦更小，这些都意味着节约了很多成本并为病人带来了便利。但建立在诸如医生、床位等指标上的传统统计指标无法计算服务质量的变化。因此，在研究产业互联网在服务行业的应用时，需要对其公共价值的评价标准及体系进行更深入的研究，使对产业互联网的应用做出更为准确的评价。

二、产业互联网的公共价值：服务业的案例

产业互联网在服务行业的应用，其核心是对服务进行

第五篇　产业互联网促进经济高质量发展

全链路数字化、网络化、智能化改造，这能够为社会创造更多的价值。

（一）生活服务领域应用产业互联网的公共价值

消费互联网在生活服务行业的应用，其核心是对消费端进行数字化改造，引导消费者形成线上消费、线上体验、线上支付，完成服务过程。这个过程对消费者更便利地享受服务具有重要价值。但是，如前所述，服务业发展过程中遇到的一个重要问题是，生产率无法快速提升，从而产生"成本病"。而产业互联网是对服务的整个链路的数字化改造，从店面的数字化改造，到物流管理的数字化与精准化，到上门服务的精准化，再到服务资源的智能化调配，到店服务的及时排队系统等，都以数据为支撑，形成一个精准而高效的系统。这个过程，不但提升了服务效率，而且具有重要的社会价值。

第一，能更好地保障社会基本生活，提升消费品质，重新定义城市生活。从需求侧来看，家庭小型化将改变原有的超市一次化、规模化采购的购物模式，城市商业布局形态将进一步适应这种"小批量多批次"采购的形态。利用产业互联网对服务业供给侧进行改造，使服务领域能够提供更为灵活的服务机制，对城市布局将发生较大的改变。这也将进一步降低消费者采购的时间成本。《上海居民购物行为的时空特征及其影响因素》显示，居民对于蔬菜食品类的购物地点选择，其时间成本因子最高为 0.778，而日常用品为 0.635，大型家电为 0.457，高档服装为 0.302。

在所有品类中，日常食品、生鲜采购的服务体验性最差，对该品类的购物时间持续降低，并对购买时间和效率要求不断提升。而运用产业互联网，使很多购物环节实现网络化、智能化、配送即时化等，降低了消费者的时间成本。预约服务，结合数字技术对店面、对服务供应链等各方面进行全方位改造，也将极大地改善店面服务的体验。很多服务业的特点是需要面对面服务，这需要消费者到店进行体验。而消费者到店过程又面临着排队等问题，影响服务体验，通过数字化预约、门店智能化改造等，能够改善消费者体验。而在新冠疫情发生的特殊时期，通过数字化技术，将到店服务改为到家服务，也是一种可行的模式。城市生活模式也发生了极大的改变，这对社会公共利益是一种极大的改善。

第二，产业互联网的应用将推动智慧城市建设，改善城市空间布局，缓解城市交通压力。服务领域大规模地应用产业互联网，将以5G等为基础设施，并充分利用智慧城市建设的成果，从而解决智慧城市建设落地问题。餐饮外卖、生鲜电商、即时配送、预约服务等，极大地提升了城市居民的生活便利度，随着即时配送网络的不断完善，即时配送范围不断扩大，将进一步提升消费品质，改变城市空间布局。城市布局原有的矛盾是，人群聚集带来服务的便利，但人群聚集也给消费过程带来不好的体验。利用产业互联网对服务行业进行全链路数字化、网络化、智能化改造，将解决这一核心矛盾，使城市布局模式得到改善。如果推动服务领域的产业互联网应用，居民的出行结构将发生很大改变，这将对城市交通状况产生影响，缓解城市道路拥堵、停车难等情况，并为消费者提供更良好的出行体验。这对城市空间布局本身也会形成积极影响，推动城市布局更合理。

第三，推动生活服务行业聚合发展，提升效率，实现供需精准对接，均衡服务资源配置，创造公共价值。生活服务业的特点是区位依赖性强，很多服务设施可以在小区域范围实现"局部垄断"，因而其提升服务效率的动力不足。另一方面，很多服务的产生具有随机性，供需难以精准匹配，经常出现服务资源闲置与排队等待服务并存的情况。"新服务"主要依靠移动互联网、基于位置服务（LBS）、大数据、人工智能等方面的技术，为实体服务店重组优化供应链，利用新信息技术将到店服务与到家服务利用价格、服务时间等多种方式进行精准组合，全方位调度服务资源，解决本地生活行业供需不均衡、不匹配问题。例如，可以通过网络预约等方式，结合店面的数字化技术，通过产业互联网平台上的服务资源调配系统，灵活组合到店服务与到家服务，科学合理安排服务资源，可以实现精准服务、准时服务，避免服务资源的浪费以及消费者的等待。

第四，产业互联网应用到服务领域，能够使服务业更好地服务于国家战略。近年来，我国的脱贫攻坚取得了很大的成就，而这个过程中，很多贫困地区依托短视频、网络直播等新工具，结合线下基础设施的完善，带动了乡村旅游、农产品直销等业务的快速发展，从而为脱贫攻坚的长效机制做出了较大的贡献。同时，旅游服务的网络化，从前期的行程预订，到旅游中的知识分享、游后的评论等，都将旅游业与产业互联网紧密地联系起来。在新冠疫情期间，数字化虚拟景区催生"云游览"现象。如武汉大学开启5G+VR"云赏樱"，故宫博物院开展"云上游故宫"等活动。VR/AR、AI、5G等数字技术向旅行全过程渗透，实现虚拟景区游览，提升消费体验。这些都将改变旅游的方式，使旅游在脱贫攻坚、带动经济发展、稳定就业等方面的作用进一步发挥出来。

（二）社会服务领域应用产业互联网的公共价值

根据国家发展改革委、教育部、民政部、商务部、文化和旅游部、卫生健康委、体育总局等七部门联合印发的《关于促进"互联网＋社会服务"发展的意见》，社会服务是指在教育、医疗健康、养老、托育、家政、文化和旅游、体育等社会领域，为满足人民群众多层次多样化需求，依靠多元化主体提供服务的活动。社会服务领域应用产业互联网的前景广阔，公共价值巨大。例如，在线教育，对提高教育的效率、均衡教育资源配置等方面能够发挥巨大的作用。

截至2020年3月，我国在线教育用户规模达4.23亿，较2018年底增长110.2%，占网民整体数量的46.8%。2020年初，全国大中小学校推迟开学或取消面授课程，2.65亿在校生普遍转向线上课程。腾讯教育推出"腾讯空中课堂"为全国各级教育部门、中小学提供了在线教学整体解决方案，于疫情期间免费向学生开放。

第五篇　产业互联网促进经济高质量发展

第一，提高服务效率，为加快人力资本积累发挥作用。社会服务的大部分领域，如医疗、教育、文化、体育等各个方面，都与社会人力资本积累有着直接关系。但是，这些行业在过去的几十年里，效率提升有限。通过产业互联网应用，能够更好地推动人力资本积累。以医疗为例，我国在疾病早期诊断等方面存在着资源配置不均衡、部分地区的早期诊断普及率低等问题，依托产业互联网技术，可以帮助这些地区做好早期诊断工作。如"腾讯觅影"结合人工智能技术在癌症早期诊断、医疗影像大数据应用等诸多方面，都能够发挥更大的作用。利用互联网跨越时空的特点，扩大服务地区、提升服务效率，这对确保人民群众生命健康具有重要意义与价值。在教育领域，引进产业互联网技术，能够极大提升教育效率，推动社会人力资本快速积累。在文化、体育等诸多领域，产业互联网的广泛应用，会给这些行业带来极大的效率提升。

第二，均衡服务资源配置，缩小区域差距。社会服务业当前的供需关系不匹配问题仍然存在，不匹配的原因一方面是需求分散，而供给相对集中；另一方面，也存在着供需双方在时空方面的差异因素。应用产业互联网，能够部分解决这方面的问题。例如，利用大数据技术，能够分析人民群众对文化产品的需求，从而提供更符合需求的文化产品。又如，在教育、医疗健康等领域，一方面优质资源短缺，另一方面，一般资源供给过剩。通过应用产业互联网实现优质资源在更大范围内的共享，能够解决优质资源分布不均衡等问题。

第三，推动"时间银行"等社会服务模式的创新。社会服务领域的商业模式创新空间较大。例如，在家政、托育、养老等领域，可以依托产业互联网，引进"时间银行"等新服务模式。

（三）生产服务领域应用产业互联网的公共价值

工业互联网强调企业内部的数字化、自动化、智能化改造，以提升生产流程的效率。产业互联网在生产服务领域的应用，更多地强调对企业外部的研发、物流、营销、财务、供应链等方面的服务。这些方面的服务往往由专业服务机构面向多家生产企业进行提供，其不但能够提升服务效率，也会给社会带来公共价值。

生产服务领域的产业互联网应用能够提高生产的柔性化水平，从而推动企业更加灵活地定产、转产或按需生产，减少社会资源浪费，并减少摩擦型失业。例如，在疫情期间，很多产业互联网平台通过为企业提供服务，支持一些企业实现快速转产，生产抗疫物资，这不但提高了生产效率，也为社会抗击疫情、救治病患做出了贡献。例如，使用紫光工业互联网的工业设备物联平台，能够通过平台采集的设备数据了解生产线的实时运行状态，对生产设备进行远程运维和智能诊断，为口罩生产过程提供远程技术保障。"品控云"服务通过 AI 视觉检测口罩正反面是否有污渍，检查挂绳焊点衔接、尺寸、排齿等情况，发现瑕疵，剔除不良品，提高生产效率、保证合格率。借助产业互联网平台有力地助推企业转型生产防疫物资。

三、关于加快发展产业互联网的一些建议

从前面的分析可以看出,服务领域应用产业互联网有着巨大的公共价值。因此,需要出台相应的政策措施,将这种公共价值更好地发挥出来。

第一,出台一个统一的产业互联网促进政策。近年来,我国在工业互联网应用等方面出台了很多相关的政策。但这些政策主要是集中于制造业领域。在服务业领域,主要的政策分散在《服务业创新发展大纲(2017—2025)》《关于新时代服务业高质量发展的指导意见》《关于促进"互联网+社会服务"发展的意见》等文件中,对于服务领域产业互联网发展,缺乏统一的政策。因此,需要站在更高的角度,出台统一的产业互联网支持政策。

第二,推动部门协同、区域协同,以数字化转型打破服务的资源约束,扩大服务资源供给。服务领域的产业互联网应用,首先是服务资源数字化、服务主体数字化以及服务数据的开放共享。而这些方面,现在都面临着部分阻碍。以远程医疗服务为例,既涉及医疗部门与信息化部门的协同,又涉及不同地区之间的协同,需要相应的机制打通这些资源通道。又如,健康、体育与养老等服务领域,往往需要共同的服务基础数据,这些都需要数据的开放与共享。

第三,推动金融业更好地服务于产业互联网。产业互联网的应用,打开了企业流程的"黑箱",为金融业支持产业发展提供了便利条件。尤其是对服务领域,在产业互

联网应用之前,由于缺乏有效的信用或抵押机制,往往存在融资难的问题。而通过产业互联网的应用,对企业的生产流程、客户需求等实现可视化、真实化的了解,为金融支持服务产业发展提供了基础保障。在政策层面,要积极推动金融机构抓住这一机遇,加大为产业服务的力度。

第四,研究科学、系统地放松管制。2020年2月14日,中央全面深化改革委员会审议通过了《关于进一步推进服务业改革开放发展的指导意见》,要求分类放宽服务业准入限制,构建监管体系。针对公共服务网络化的趋势,要研究相关市场准入政策的问题。对于产业互联网应用之后兴起的在线娱乐、在线文化服务、互联网医疗、在线教育等各种新兴行业,主管部门积极研究更具有适应性和针对性市场准入政策,推动其有序发展,尤其是避免将线下僵化的市场准入政策直接套用到产业互联网领域,给这些行业的发展带来不利影响。在科学地放松管制的同时,要加强动态监管,例如,对教育、医疗等领域的产业互联网服务等,要在信用制度建设、质量评价标准、内容动态监管、责任体系建设等方面出台相应的管理政策。

第五,推动与产业互联网应用相关的基础设施建设。产业互联网的大规模应用,对基础设施的概念本身是一个系统化更新。大量的基础设施是以软件、平台、算力、数据库等方式体现出来的,不同于传统的基础设施。需要通过相应的政策措施,推动此类基础设施的建设,尤其是要重视这些基础设施建设过程中的政企合作问题。

综上所述,服务领域的产业互联网应用,除了效率价值之外，还有重要的公共价值。因而，需要在理论上、政策上对这一问题进行更深入的研究，以更好地理解产业互联网。

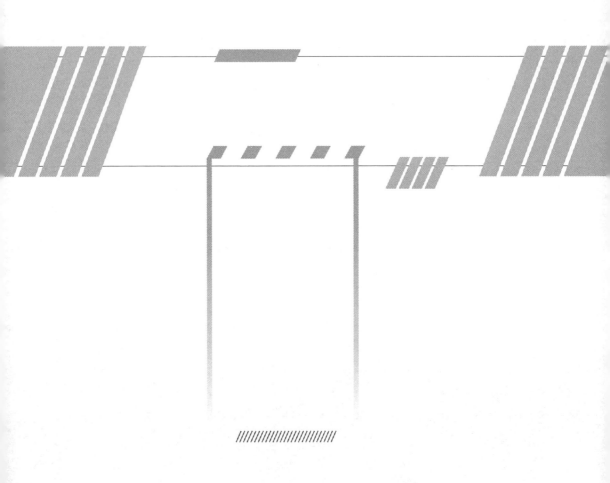

第六篇
加快制定实施产业互联网国家战略

习近平总书记指出:"要推动互联网、大数据、人工智能和实体经济深度融合,加快制造业、农业、服务业数字化、网络化、智能化。"产业互联网应放在世界新产业革命大潮中来谋划,从引领产业未来发展的战略高度来推进。加快制定实施产业互联网国家战略,保障产业安全,掌握未来发展的主动权。

第 25 章
以新发展理念推进产业互联网发展

本文为原创首发文章，作者王爱民、张鹏，成稿于 2020 年 6 月，有微调。

随着新一代信息技术的成熟和商业化应用，我国互联网进入产业互联网的新阶段。产业互联网是传统网络技术与新一代信息技术在产业部门的深度融合与应用所形成的新型技术范式与经济活动。与消费互联网的服务主要面向消费者不同，产业互联网的着力点在产业本身，通过数字化转型，优化企业内部流程、改善资源配置、提高运营效率、创新商业模式，为提升实体经济的发展质量和综合竞争力提供新动能。

2020 年上半年，中国经济受到新冠疫情的冲击。很多企业面临各式各样的困难，例如招工困难、生产转型难、供应链重构压力骤增等等。产业互联网应用水平较高的企业，在疫情中表现出明显的灵活性与更好的适应性。拥抱产业互联网已成为很多行业的共识。国务院、国家发展改革委、工信部等部委及部分省区市先后出台多项支持工业互联网、产业互联网发展的指导意见和实施方案，我国产业互联网应用的政策体系已基本完备。5G、物联网、人工智能、区块链等新型基础设施的加速落地，也为产业互联网发展按下"快进键"。

面对经济社会发展新趋势新机遇和新矛盾新挑战，要坚持以创新、协调、绿色、开放、共享的新发展理念为指导，加强顶层设计，把产业互联网放在新一轮科技革命和产业变革的历史大潮中来谋划，从国家战略高度推动产业互联网高质量发展。

一、科技创新和应用场景创新双管齐下，激发创新力

新发展理念抓住了创新这个牵动经济社会发展全局的"牛鼻子"，要重视发挥科技创新在全面创新中的引领作用。与消费互联网相比，产业互联网的技术基础除了互联网、移动互联网、物联网等现代网络技术，还包括大数据、云计算、人工智能等数据存储、处理和计算技术，以及虚拟现实、3D打印等产业应用技术。与消费互联网相比，产业互联网"软硬结合"的特点更加突出，要加大关键共性技术、前沿引领技术、现代工程技术、颠覆性技术的创新力度，破解互联网底层技术"卡脖子"难题。

中国巨大的市场催生了丰富的互联网应用场景，推动了消费互联网领先发展。在产业互联网阶段，应继续发挥中国巨大市场的优势，探索应用场景创新，加速对教育、医疗、出行、金融、零售、文旅、政务等垂直产业的深度创新。加快布局全局性、基础性、战略性的产业互联网应用创新项目，继续保持中国互联网应用上的领先地位。

同时，强化企业创新的主体地位，激发互联网企业内在的创新动力，鼓励传统行业的数字化转型，促进科技成

果向现代生产力转化。发挥政府对创新的引导和推动作用，为创新提供强有力的政策支持和制度保障。

二、瞄准区域、城乡发展不均衡问题，助力协调发展

产业互联网发展要配合区域发展总体战略，要为促进区域协调发展提供新引擎。支持北京、上海、广东、浙江等互联网产业发展实力较强的省市加强政策创新，鼓励先行先试，探索产业互联网新模式，激发新动能。制造业基础好的地区继续做好信息化和工业化的深度融合，推动工业互联网应用和企业上云，搭建企业级工业互联网平台和数据采集互联体系，促进制造资源优化配置和产业链上下游协同，提升模块化设计、柔性化制造、定制化服务等方面的能力。中西部地区要抓住新基建机遇，因地制宜落地重大工程和重大项目，发展在线特色产业链和虚拟产业集群，培育增长极和竞争力。

产业互联网发展要助力智慧城市、数字乡村建设，提高城乡数字化治理水平。在智慧城市建设过程中，各地政府开始建设"让数据多跑路，让群众少跑腿"的民生服务平台，要在电子政务、智慧交通、智慧金融、智慧医疗等领域建设上取得重要进展。在新发展阶段，让产业互联网全面融入城市发展，以5G、人工智能、大数据、区块链为代表的新兴科技为城市发展和治理赋能。基于"云—边—端"的技术架构构建支持分布式、多中枢联动的智慧中台，

为化解"城市病"提供新的解决方案。将产业互联网与乡村振兴战略相融合，缩小"城乡数字鸿沟"。重视农村 5G 网络基础设施建设，构建农村大数据平台、构建农业互联网和农业物联网，发展精准农业、智慧农业，提高农业生产率。发挥农民主体作用，深入挖掘产业互联网的应用需求，使物联网、人工智能、区块链等新型科技成为新时代农民的"新农具"，促进农村经济发展和农民收入增长，巩固脱贫成果。

三、发挥产业互联网提效率降成本的优势，推动绿色发展

我国现阶段的经济发展还面临供给与需求不匹配、成本持续上升、发展方式粗放、效率不足等一系列问题。产业互联网通过信息流引领资源的优化配置与有效利用，为经济质量变革、效率变革、动力变革提供了重要支撑。以研发活动为例，在传统模式下，研发活动人力投入多、耗资大、周期长。人工智能技术通过对科研数据的深度分析，推动科研从实验科学、理论科学和计算科学相对独立的发展范式进入数据密集型科学发展范式阶段，显著减少研发活动的人力投入、减少资金消耗、缩短研发周期，加速科研进程与科技成果转化。产业互联网将带动新一代信息技术的产业化和相关产业的高速成长，实现以降消耗、降成本为前提的可持续发展。

产业互联网自身的发展特征也存在一些与绿色发展理

念不匹配的问题亟待解决。以支撑未来产业互联网发展的5G网络为例，高功耗是困扰5G网络发展的难题。据测算，4G单站满载功耗1300W，5G基站典型功耗为3500W。5G基站数量是4G的3~4倍，5G网络的整体能耗更高。电费等成本的上升传导到网络流量费用，很可能会抵消部分产业互联网带来的效率提升，进而一定程度上影响产业竞争力。一方面要推动技术进步来降低功耗，另一方面可通过财政专项补贴鼓励企业使用5G网络，扩大用户基数，降低边际成本。

四、构建开放平台、完善数据规则，厚植开放生态

互联网具有天然的"开放"基因。持续推进"开源协同创新"生态，充分依托头部企业的科技实力，有效输出"项目甄选、特征孵化、持续运营、安全风控"的全流程开源治理经验，探索打造开源协同创新平台。推动跨行业合作，构建开放产业互联网生态和协同创新集群，打造产业互联网高附加值"朋友圈"。

数据驱动是产业互联网发展的核心特征之一，数据对于产业互联网的重要性好比石油之于汽车。2020年4月，《中共中央国务院关于构建更加完善的要素市场化配置体制机制的意见》（以下简称《意见》）将数据作为与土地、劳动力、资本、技术并列的生产要素，提出"加快培育数据要素市场，充分挖掘数据要素价值。"目前，我们对于这一新型生产要素的市场化配置规律的认识还处于探

索期，数据的产权界定、市场配置、保护模式等方面都存在诸多有待研究和探索的议题。根据《意见》精神，要探索数据的分级分类，对于政府部门的公共数据，以"数据中台"建设为重点和突破口，将散落在各个政府部门的公共数据汇聚到统一的开放平台，进一步推动数据资源开放，为产业互联网发展注入丰富的数据资源；对于主要产生于企业的社会数据，坚持市场化原则，尊重企业的数据权属，确立数据财产权益保护与健康、公平的竞争秩序，构建"数据信任"机制，激励数据产权科学保护，实现数据有序和受控的流通，形成健康有序、安全可信、可持续发展的数据生态。同时，加大网络安全投入，保护数据安全，为产业互联网高质量发展保驾护航。

五、坚持包容性和普惠性发展，促使成果共享

相对于消费互联网的高集中度，产业互联网的价值链更长、市场容量更大、市场需求更复杂，"赢者通吃"的"马太效应"[1]不再适用，会被"共创、共享、共赢"的价值理念取而代之，坚持包容性和普惠性的协同发展，深耕产业链具体场景，推动传统产业的数字化转型升级，头部企业带动中小微企业共同成长。以腾讯的"数字方舟"计划为例，从降低成本、引流拓客、设立专项基金、技术开源等方面支持中小微企业，重点帮助农业、工业、商业、教育、医疗、文旅等六大领域中的中小微企业的数字化转型。

研究表明，技术的进步会改变就业结构，对于劳动力

[1] 马太效应（Matthew Effect）是指因为积累优势的存在，在竞争性环境中，形成的强者愈强、弱者愈弱的两极分化现象。该现象广泛存在于社会心理学、教育、金融以及科学领域。

产业互联网

同时具有增强效应和替代效应。产业互联网推动传统产业的数字化转型,一方面催生出新业态和新模式,可创造大量就业机会,另一方面自动化、智能化也会带来就业岗位被智能化设备或机器人替代,对部分传统产业和既有就业岗位造成冲击。鼓励拥抱新技术,把数字化技能纳入职业教育培训体系,通过职业教育和技能提升稳步实现就业迁徙。采取包容、审慎的监管方式,完善灵活就业等新就业形式及其相关的保障制度和政策。针对就业困难群体,坚持"底线思维"[2]做好政策储备和困难应对准备。让产业互联网发展惠及企业,造福全体人民,不断增强人民群众的获得感和满足感。

中国是互联网应用最发达的国家之一,产业数字化和数字产业化的快速发展推动产业互联网蓬勃发展。要以创新、协调、绿色、开放、共享的新发展理念为引领,立足当前,着眼未来,统筹有序推进产业互联网发展,推动经济高质量发展。

[2] 底线思维(bottom-line thinking)是一种思维方式和管理技巧,掌握该技巧的人会认真评估机会和风险,了解最坏情况同时追求良好的收益和效果。

第 26 章
从战略高度加快推动产业互联网发展

原文题目:《产业互联网让世界变得简单》,作者魏际刚,发表于腾讯研究院微信公众号(2019年8月23日)。

产业、企业发展的关键是,处理好供给与需求、企业与企业、人与人,人与物、物与物等关系。这些关系正随着信息化、数字化、网络化、智能化进程,变得易于解决。互联网、产业互联网、智能产业等出现,就是解决这些关系的重要途径,因为它们让世界正变得简单。

一、大变革时代催生产业互联网

全球新一轮产业革命已经发生,新技术供给相当活跃,为世界各国发展提供了历史性机遇。以互联网、移动互联网、物联网、大数据、云计算、人工智能、区块链等为代表的信息网络技术在研发、设计、生产、流通、消费、运营、维护、交通、物流、能源、金融、教育、健康、文化、旅游、应急、政府管理等多个领域深度应用与广泛渗透,对产业创新与升级带来深刻影响。全球产业格局与分工发生深刻变革,以更有效的方式促进人类发展。

中国是产业大国,经过改革开放四十余年的发展,已经实现了对发达国家在产品规模与数量上的"一次追赶",但在质量、技术、效率、竞争力、品牌、基础科学等方面仍需"二次追赶"。产业发展还存在结构不合理、质量效益欠佳、产品附加值低、创新能力不足、资源配置效率不高、环境约束紧、供应链不协调、要素成本持续上升、产业安全形势严峻、某些地区出现产业"空心化"等突出问题。同时，一个日益复杂、迅速变化、不确定性大增的世界已经来临，市场需求千变万化，消费热点不断转移，需求个性化、多元化、高品质化以及空间分布的广泛性，使得传统企业面临更大压力和更多挑战。传统的技术、商业模式、产品与组织形态越来越难以适应快速变化的市场。

中国若想在未来全球竞争中胜出，各个产业及各类企业需要更广泛地连接市场、感知变化，更快速地满足需求，提供更便宜、更优质、更安全、更环保的产品与服务，在技术、产品、服务、模式、组织等方面持续创新，不断推进产品升级、服务升级、技术升级、流程升级、管理升级、运营升级与模式升级。而基于数字化、网络化、智能化的产业互联网为中国产业应对挑战、解决问题、把握新科技趋势、推进升级找到了一条切实有效的途径。

二、发展产业互联网意义十分重大

产业互联网是一种运用互联网、移动互联网、物联网、大数据、云计算、人工智能等技术的下一代信息技术。产业互联网促进企业内的人、物（如机器、设备、产品）、服务以及企业与企业间、企业与用户间的互联互通、线上线下融合，是资源与要素协同的一种全新的产业发展范式。

它既是新生产方式、组织方式、运营方式，也是一种新的基础设施，是新一代信息技术与工业、服务业、农业深度融合的产物。

构建强大、智能、安全的产业互联网，有利于推动中国的产业升级。产业互联网使企业能够统揽全局，畅通供应链，打通上下游，做大生态圈，降低生产流通成本、提高运作效率，实现个性化智能定制。通过数字化、网络化、智能化手段对价值链的不同环节、生产体系与组织方式、产业链条、企业与产业间合作等进行全方位赋能，推动产业效率变革。实质性促进各个产业互联互通，推动农业、工业与流通、交通、物流、金融、科技服务的合作，推动硬件、物理基础设施与软件、数字化基础设施等一体化发展，推动产业链、供应链、创新链协同，提升产业生态体系复杂性、韧性、灵活性与市场反应能力。

有利于提升产品与服务质量。围绕产品与服务质量不高的突出问题，产业互联网赋能企业检验检测体系，根据先行指标判断产品与设备的运行状态，预防故障的发生。能够实现产品自动检测、全程追溯与可视，实现智能质检。健全企业质量管理体系，提高全面质量管理水平。

有利于产业创新。产业互联网能够推动企业、产业结合自身情况，围绕国家战略、市场需求、未来方向等，更高效地开展仿制创新、集成创新、原始创新和颠覆式创新，推动企业创新体系、产业创新体系、国家创新系统构建，推动政产学研用金有机结合的创新生态体系建设。

有利于组织变革。产业互联网能够改变"大而全""小而全"的传统生产方式，按照专业化分工要求，推动企业业务重组、业务外包、联盟、供应链合作等，实现大范围的智能生产、柔性生产、精益生产、大规模个性化定制等。

有利于形成新的经济增长点。中国是世界第一人口大国、第一网民大国，中国是全球最大的传统产业市场与最大的新兴经济体。尽管中国的消费互联网发展迅速，但中国产业互联网发展尚处起步阶段。农业、工业和一些服务部门的数字化程度并不高，数字化工厂的比例仅为欧美发达国家的一半左右。装备设备的智能化远低于欧美发达国家，数据分析还处于追赶阶段，产业互联网平台更侧重于应用。这种状况表明，无论是消费互联网还是产业互联网在中国均有极为广阔发展前景。作为一项庞大的系统工程，产业互联网的推进，将催生万亿美元规模的市场，为中国经济增长注入全新的动力。

三、从战略高度加快推动产业互联网发展

中国产业互联网发展应当放在世界新产业革命大潮中来谋划，从引领产业未来发展的战略高度来重点实施。在继续保持消费互联网领先的同时，中国要发力加快推进工业、服务业、农业领域的产业互联网发展。推进工业农业、商贸流通、科技教育、文化卫生等领域与互联网、人工智能深度融合；支持互联网企业、信息通信技术企业赋能传统产业传统企业；推进产业互联网平台建设，打造数字化

基础设施与"产业大脑";推进传统产业群体广泛应用数字化技术、新工艺、新装备和新商业模式,提高生产流通与服务效率,降低生产流通及服务成本,增强市场反应力。支持中小企业应用新技术、新工艺。针对大量企业数字化程度较低的状况,推动其完成数字化"补课"。

推动互联网与人工智能与产业的融合发展,包括:

互联网＋人工智能＋农业

互联网＋人工智能＋工业

互联网＋人工智能＋流通

互联网＋人工智能＋物流

互联网＋人工智能＋交通

互联网＋人工智能＋健康

互联网＋人工智能＋教育

互联网＋人工智能＋能源

互联网＋人工智能＋文旅

互联网＋人工智能＋应急

互联网＋人工智能＋中小企业

推动互联网＋物联网＋5G＋人工智能等技术的深度集成,助力中国率先迈入万物智联新时代。

推动产业互联网发展,还有一些关键问题亟待破解:一是产业互联网的理论、方法和标准,以及基础科学的支撑;二是人力资源建设问题;三是新的商业模式探索;四是完善政府监管。跨界融合会产业许多新业态,需要创新规则,加强政策保障,修改滞后的法律法规等。

四、企业要根据自身实际，选择一条切实可行的产业互联网发展之路

中国的产业类别完整、企业类型丰富，存在多种生产力水平。每个行业每个企业的发展情况会有所不同，可用的资源与要素存在很大差异。企业进行数字化、智能化改造，还会增加不少成本。必须要因产、因企、因地制宜，切不可盲目照搬照抄，而要进行系统深入的"成本与效益"分析。企业要反复问问自己三个基本问题：发展产业互联网对于企业来讲要重点解决什么问题？产业互联网会使企业改变什么？如果发展产业互联网，路径是什么？回答好这几个问题，企业就会明确方向、重点与突破口，走出一条符合自身实际、顺应时代潮流的高质量发展之路。

第 27 章
加快实施产业互联网国家战略

当前，全球新一轮信息技术创新和产业变革方兴未艾，互联网、大数据、人工智能等技术正在加速和实体经济融合，开启了企业数字化转型发展的新时代。以互联网思维、大数据能力、智能技术为主要发展特征的产业互联网，已经成为企业新一轮数字化转型的重要路径选择。与传统企业数字化转型不同，新一轮以产业互联网为模式的企业数字化转型，是以思维创新为引领、以模式创新为路径、以网络技术与应用深度融合为依托的数字化转型，是企业运行方式和发展模式全方位的变革，对于推动产业转型升级、培育经济发展新动能、推动实体经济高质量发展具有十分重要的作用。

原文题目：《加快实施产业互联网国家战略》，作者陆峰、司晓，发表于《学习时报》（2019年11月13日）有调整。

一、产业互联网是推动实体经济高质量发展的重要路径选择

大力发展产业互联网，加快数字化转型步伐，有利于推动经济发展的质量变革、效率变革、动力变革，对于培育发展新动能、实现高质量发展具有重要作用。

发展产业互联网有利于推动实体经济质量变革。发展

产业互联网

产业互联网，加强网络信息技术在研发设计、生产制造、经营销售等各领域的应用，畅通供给侧和需求侧信息流通渠道，促进供求信息高效流动，让消费需求信息更加及时指导生产供给，能够提升产品和服务精准、即时、有效供给能力，促进产品服务质量提升。同时，深化互联网技术在产品和服务中的应用，能够提高产品和服务数字化、网络化和智能化水平，提升用户的获得感和体验感。

发展产业互联网有利于推动实体经济效率变革。发展产业互联网，构建起贯穿市场、研发、生产、仓储、营销全流程的网络服务，有利于加速实体经济各环节的信息流通，显著降低流通成本，大幅提升信息流动效率。发挥产业互联网平台供求信息大量汇聚优势，高效配置人才流、物资流、资金流、技术流，有利于提升实体经济资源配置效率，促进全要素生产率提升。依托社交网络、电子商务、供应链等各类网络平台，加强企业间物资、技术、物流等方面的合作，有利于提升实体经济产业协作效率。

发展产业互联网有利于推动实体经济动力变革。依托产业互联网平台，重塑实体经济产销、客户关系、供应链、生产制造等各类连接关系，有利于促进生产力解放和生产关系变革，为经济发展培育新动能。发挥产业互联网平台要素集聚方面的优势，集聚创新要素和创新资源，推动众创、众包等服务发展，有利于培育技术、产品、服务等创新交易市场，促进创新要素和资源流动，为实体经济发展注入新动能。

二、推进产业互联网创新发展的对策建议

目前,世界各国都高度重视网络信息技术对经济社会的融合引领作用,纷纷把推进产业互联网作为抢抓未来发展制高点的重要举措。我们要牢牢把握数字化、网络化、智能化融合发展的契机,加快制定实施产业互联网国家战略,推进实体经济高质量发展。

(一)推进网络基础设施建设

持续推进网络信息基础设施升级改造。网络信息基础设施建设是推进产业互联网发展不可或缺的前提,先进的网络信息基础设施有利于培育产业新业态。一是加快推进产业园区和商用楼宇宽带基础设施的升级改造,大幅提高网络速率和传输质量,为企业开展业务创新提供可用可靠的网络支撑保障。二是持续降低企业宽带专线资费,去除企业宽带接入的体制机制障碍,为中小企业提供可负担的宽带接入服务。三是加快5G、物联网、IPv6等新网络基础设施部署,推进云计算、大数据、人工智能等通用型应用基础设施建设,为企业业务模式创新等提供新型基础设施支撑。

(一)做好上云、用云的整体规划和具体实施措施

大力推进云计算创新发展和普及应用。云计算是数字经济时代最为基础的信息服务,是推动实体经济加速数字化转型的新引擎。一是加快实施"云上中国"战略,推进区域云计算中心建设,优化区域布局,为用户提供就近云

计算接入服务，满足产业园区数字化转型升级需求。二是大力推进"企业上云"，结合互联网、大数据、人工智能和业务融合发展需求，引导企业深化云计算应用，支撑企业数字化转型需求。三是增强PaaS[3]、SaaS[4]云服务能力，提高行业性PaaS、SaaS解决方案供给能力，为行业发展产业互联网提供坚实支撑。四是规范云服务市场，推进云服务间的互联互通，提高"云迁移"能力，形成市场优胜劣汰机制，促进行业服务能力提升。

（三）强力推进企业数字化转型

加快推进企业生产经营管理数字化转型。数字化转型以思维创新为引领、以模式创新为路径、以网络技术深度融合应用为依托。我们需要用新理念、新方式、新路径加快推进。一是结合"互联网+"、大数据、人工智能等国家战略的落地实施，加快普及企业数字化转型新理念、新思路、新方法，以理念创新引领新一轮企业数字化转型。二是以商业模式创新为依托，加快业务流程数字化改造，提高信息技术应用对商业模式创新支撑能力。三是加快推动网络信息技术在企业生产经营等各个环节深度应用，提高企业对外连接、深度洞察、智能运行等方面的能力。

（四）积极发展面向企业的软件信息服务

积极发展面向企业的专业信息技术服务。专业信息技术服务是关系产业互联网深入发展的核心因素，丰富的行业专业信息技术服务供给能力是产业互联网发展的重要保

---

[3] PaaS(Platform as a Service，平台即服务)指强化云平台的综合服务能力。

[4] SaaS(Software as a Service，软件即服务)指强化云平台的"软件定义"能力。

第六篇 加快制定实施产业互联网国家战略

障。一是发展行业数字化转型解决方案服务，培育行业性全链条信息服务企业，提供企业数字化转型方案设计、系统集成、测试评估、托管运维等全套服务。二是发展专业软件信息服务，培育行业软件信息服务企业，提供研发设计、系统控制、测试验证、数据挖掘等专业软件服务，提高数字经济时代技术工艺数字化封装能力。三是发展行业信息技术咨询服务，以新理念、新思维、新路径、新方案助推数字化转型。

（五）重点突破产业互联网的核心技术

加快突破产业互联网发展核心技术。核心技术突破是产业互联网发展竞争力的重要评价指标，发展产业互联网必须把核心技术牢牢掌握在自己手中。一是加快补齐行业专业软件技术短板，创新行业专业软件发展推进模式，发挥行业企业和信息服务企业各自优势，推动联合攻关和大规模商用。二是发展产业大数据采集分析服务，培育行业领域专业大数据服务商，加强产业大数据采集工具、分析模型、挖掘软件等的研究和研发，提高行业数据深度洞察能力。三是发展行业人工智能技术，针对行业应用场景，推动人工智能技术和行业应用深度融合，发展特定场景下人工智能应用技术。

（六）重视、布局、构建产业互联网生态圈

构建产业互联网发展生态圈。产业生态圈竞争是当前产业国际竞争的最高级形式，发展产业互联网必须把产

生态圈打造放在重要位置。一是构建软件、硬件、数据、服务、安全、标准等协同配套的产业生态，促进软硬件融合，深化数据应用，丰富产业服务，提高安全保障，促进互联互通和协同配套。二是打造产业互联网开放式创新创业平台，开放创新设施，集聚创新资源，培育产业互联网创新创业者。三是围绕产业生态圈的构建，加快相关标准建设和专利申请，加强知识产权保护，提高对产业发展的把控能力。

（七）产业互联网网络安全是重中之重

加强产业互联网网络安全防护能力建设。与消费互联网相比，产业互联网网络安全形势更为复杂、更为严峻，安全问题引发的危害将更为严重，加强产业互联网网络安全防护能力建设刻不容缓。一是完善各行业网络安全保障制度，重点加快重点领域、复杂网络、新技术应用、大数据汇聚、互联系统等各类型条件下的网络安全保障制度建设，切实提高系统访问、技术应用、复杂网络、运维人员、数据流通等方面安全管理能力。二是建立重点领域物联网接入产品的安全评测和等级认证制度，加强对联网产品采用的通用协议、通用硬件和通用软件的安全性检查，保障连接、组网、配置、设备选择与升级、数据和应急管理等方面的安全可控。

（八）加强从业人员技能培训，培养实用型人才

加强产业工人信息技能培训。拥抱数字经济，发展产

业互联网，人才是关键。加快提升产业工人信息技能和信息素养，才能为产业互联网发展注入永恒动力。一是建立对产业工人信息技能定期培训机制，加强针对产业工人的互联网、移动互联网、电子商务、智能制造、农业物联网等相关信息技能的培训。二是建立产业工人继续教育网络在线课程服务平台，分行业分领域提供行业两化融合、"互联网+"、电子商务、智能制造推进等在线学习课程。三是依托高等院校和科研院所，探索建立多方合作的育人新机制，整合各类教育培训资源，开展联合办学，建立联合实训基地，为企业输送实用型人才。

三、结语

发展产业互联网是实体经济转变发展方式的重要战略机遇，是推动实体经济高质量发展的重要路径。紧紧抓住产业互联网发展的历史机遇，加快实施产业互联网国家战略，推动互联网、大数据、人工智能和实体经济深度融合，大力发展农业物联网、工业互联网、电子商务等服务，深化大数据创新应用，推动"智能+"发展，以模式创新、深度洞察、智能运行来推动产业发展方式转变，助推实体经济高质量发展。

产业互联网

第 28 章
如何看待产业互联网时代的产业安全？

原文题目：《如何看待产业互联网时代的产业安全？腾讯研究院发布2020产业安全年度报告》，作者陈维宣、丰华，发表于腾讯研究院微信公众号（2020年1月10日），有删节和微调。

与消费互联网时代相比，在产业互联网时代，产业安全的内涵在影响范围、安全价值、责任层级、重要等级、安全主体、安全导向、攻击主体、防护范围、安全策略、安全技术等十个方面都发生了显著的变化。

伴随着产业互联网的迅速发展与安全需求的不断提升，我国各项互联网法律法规的制定也进入了快车道，在产业安全领域初步构筑起一个完善的法律法规体系。在服务模式和服务形态方面也发生显著变化，面对产业安全的发展痛点，需要构建"情报—攻防—管理—规划"四位一体的安全免疫系统。

未来，产业安全具有巨大的市场需求和发展潜力，并将取得突破性进展。产业安全成为国家安全战略的重要内容，市场规模将持续高速扩大，供给模式将从安全产品向安全能力与运维服务综合方向发展，企业将围绕综合安全性进行战略升级，云化与智能化成为安全技术创新的重要方向，安全能力的交付模式将被重塑，产业安全新生态加速构建。

一、产业互联网时代的安全革命：
新挑战与新机遇

2017年11月，国务院发布了《关于深化"互联网+先进制造业"发展工业互联网的指导意见》，明确要求：到2025年，基本形成具备国际竞争力的基础设施和产业体系。从而为产业互联网发展做出了顶层设计。

产业互联网是互联网发展模式的深化，以机构组织为主体进行的新一代信息技术的综合应用与融合创新。在广度上，产业互联网已覆盖9大先导领域，包括智慧零售、智慧文旅、智慧出行、智慧金融，智慧医疗、智慧教育、智慧政务、智能制造、精准农业等。在深度上，产业互联网渗透"5+1"个先导环节，包括实时互动、在线化服务、精准营销、数字化供应链、智能生产、个性化设计等。

随着各行各业的数字化程度不断加深，产业互联网的安全问题将会更加隐蔽、复杂，更具破坏性。相比消费互联网，产业互联网安全呈现出新的特性。产业安全不仅是企业的生存问题，更是企业的发展问题；不仅是企业发展的"底线"，更将成为制约企业发展的"天花板"。

二、从信息安全到产业安全

（一）产业安全的定义

产业安全的内涵并非一成不变，而是随着时代的发展不断完善、不断丰富，其基本规律是与其所处时代的主导经济形态相适应。考察产业安全内涵的演变过程，可以发现：从农业经济时代以来，产业安全的重心经历了"物理领域→虚拟领域→物理+虚拟领域"的变迁过程。

产业安全的内涵经历了从农业经济时代的粮食安全到工业经济时代的市场与生产安全，再进一步拓展到信息经济时代的信息安全。在智能经济时代，产业安全的内涵随着技术与产业的发展发生了新变化，需要从网络空间或产业生态系统的角度看待新形势下的产业安全。

在全球智能化浪潮背景下，智能化技术驱动产业升级的同时，也带来了更为严峻的安全威胁和挑战，使安全问题呈现出系统性和全球性的新特点，产业安全正被提升到前所未有的重要程度。以上这些都是以往在消费互联网时代的"信息安全"一词所不具备的或无法完全涵盖的，因此需要用产业生态安全（简称产业安全）或网络空间安全[5]来表达。

[5] 本文中，产业生态安全与网络空间安全同义，但"网络空间安全"在互联网技术高度发展的状态下，已被广泛使用并多限于特指网络空间本身的安全问题，所以本文使用"产业生态安全"，并在文中以其简称"产业安全"代之。

根据上述分析，将产业互联网时代的产业安全表述为：产业安全就是产业生态系统不受威胁的状态，是从产业自身可持续发展的视角，利用新一代信息技术保障整个产业生态系统和网络空间的安全。

（二）产业安全内涵的演变

与消费互联网时代相比，产业安全在产业互联网时代的内涵演变主要体现在如下十个方面。

在影响范围方面，安全危机不仅使企业的股价和利润受到严重冲击，而且会引发巨大的用户信任危机，对企业品牌和声誉造成损害，更有甚者可能会危及企业员工的健康与生命。

在安全价值方面，提高企业的安全防护能力，不仅能够降低企业的运营成本，还能提高企业的生产运营效率。

在责任层级方面，安全不只是首席技术官（CTO）、首席信息安全官（CISO）们的技术工作范畴，而是首席执行官（CEO）需要负责的"一把手工程"。

在重要等级方面，企业大规模部署安全技术，不仅需要遵循"技术实用主义"，而且需要为安全赋予"企业战略"级的优先权。

在安全主体方面，消费互联网时代重要是针对个人或企业的网络攻击，在产业互联网时代已经转向对产业生态系统的攻击。

在安全导向方面，由"安全与合规驱动"转换到数字原生安全的综合能力的提升，安全防护和反应能力成为网络运营者的内在需求。

在攻击主体方面，从消费互联网时代的独立黑客演变为产业互联网时代的"黑产"组织。

在防护范围方面，从传统安全的局部防御特性向一体化防护转变。

在安全策略方面，从被动防御到主动规划，从定点、局部的安全思维到全面、全局、全生态的安全思维。

在安全技术方面，以合规为导向的外生防护技术已经不能满足复杂生态系统对安全的需求，而是需要在全部解决方案之中内生嵌入安全技术。

三、产业安全法律政策环境分析

近年来，互联网日益成为国家发展的重要驱动力。我国确立了网络强国战略，加速建设数字中国，不断完善互联网建设、管理和应用。**没有网络安全就没有国家安全**，建设网络强国的战略部署要与"两个一百年"奋斗目标同步推进。各项互联网法律法规的制定也迈入了快车道，初步构筑起一个完善的法律法规体系。

全国人大、国务院、国家网信办等机构已经相继发布多项法律、法规与政策措施，涉及政务、交通、金融、教育、国防、医疗、零售等多个领域的安全保障工作，为网络安全及产业安全的发展做出了顶层设计、规划与建设。

1994年，互联网正式登陆中国，中国进入互联网发展的起步阶段，相关网络安全管理工作也同时起步。1994年2月，国务院发布《中华人民共和国计算机信息系统安全保护条例》，这是中国在网络安全领域的首部条例。这一阶段的安全管理都是围绕计算机系统和互联网安全管理展开的。

2000年前后，互联网服务在中国迅速蓬勃发展，我国网络安全法律法规的健全工作也逐渐加速。为规范互联网活动并加强对网络服务提供者的管理，我国相继颁布了多项法规和管理条例。同时，国家通过了若干加强公民个人信息保护的法规，设立了保护不同行业活动中公民个人信息的条款。

2012年前后，移动互联网的爆发式普及，网络安全不仅成为大众关注的社会问题，更上升为国家战略。中国政府及主管部门相继出台大量与国计民生相关的管理办法、条例及法规，标志着我国开始进互联网管理及应用的进一步深化。

2017年开始，人工智能、5G、物联网等新兴技术的发展，推动大量传统行业通过互联网化以及云化转型的形式，实现生产力和生产效率的再次提升，互联网成为国民经济增长的核心驱动力之一。随着2017年6月《中华人民共和国网络安全法》的全面施行，围绕网络安全展开的法律、法规的制定与落实工作加速推进。

随着国家层面产业安全领域法律法规的建立健全，全国重点地区区域性网络安全规划也在加快部署和建设。2018年以来，包括北京、上海、天津、重庆、成都、长沙、武汉等地在内的多个重点城市，密集出台网络安全和产业安全领域的产业政策。在各地方政府的支持与建设下，网络安全的产业化发展正在与各地优势行业、产业结合，驶入发展快车道。

随着互联网与各行业的深度融合，针对行业领域的网络安全顶层设计也密集展开，如针对电力网络、通信网络、工业互联网、自动驾驶汽车、车联网等重要行业领域，以及金融科技、区块链、IPv6等新兴技术领域的规范和要求均相继落地。

四、产业安全的现状及发展趋势

（一）产业安全商业模式的需求维度、主要技术与产品

当前，中国产业安全商业模式的主要需求维度包括：数据安全、网络隔离、攻击防护、主机安全、应用安全、态势感知与合规需求。

主要技术包括：一是多层面打造能力平台，多维协作构建完备安全体系的平台化技术；二是安全数据实现自动化智能分析及响应的自动化技术；三是创新商业模式，开拓安全服务新阶段的服务化技术；四是加速新技术融合，创新安全防护方法的融合化技术。

主要产品包括：一是防火墙、身份认证、终端安全管理、安全管理平台等传统产品；二是云安全、大数据安全、工控安全等新兴产品；三是安全评估、安全咨询、安全集成等安全服务。

（二）产业安全主要服务模式的变迁及当前形态

我国产业安全服务模式的变迁历程可以从四个方面五个阶段来考察，包括商品形态、交易形态、成本＆收入形态、服务能力。

商品形态变迁：硬件→产品→产品＋订阅→服务→云服务

交易形态变迁：单次交易→多次交易→多次交易＋建立门槛→持续交易＋黏性→自由配置＋高黏性＋高门槛

成本＆收入形态变迁：单次收入→打包收入→低价主营业务＋延伸服务收入→可持续增长稳定收入→可持续增长稳定收入＋低成本

服务能力变迁：单一客户→多个客户→行业覆盖→地区覆盖→全球覆盖

当前，我国的产业安全商业模式主要渗透在工业、金融、零售、泛互联网[6]、电子政务及其他领域。在主要厂商服务形态方面，主要包括产品型、集成型和综合型三类。

[6] 泛互联网是指互联网技术、物联网、车联网、人工智能等网络技术和设备。

对于产品型而言，毛利率较高，交付周期短、应收账款周转快。上游是硬件供应商，供应硬件平台，也可能会有软件供应商，供应基础软件及模块；下游主要是代理商或客户。销售模式为直销和渠道混合，有的企业以直销为主，有的企业以渠道销售为主。

对于集成型而言，毛利率较低、交付周期长、应收账款周转慢。上游为安全产品厂商,供应成熟网络安全产品。集成服务型厂商整合多方产品并以整体解决方案+服务的形式交付给客户,销售模式以直销为主。

对于综合型而言,毛利率居中、企业规模大、产品线长。一般这类企业会有完善的营销网络和一定的品牌影响力,在供给端还会以OEM形式扩充产品线,加强对细分市场的覆盖。销售模式也是直销与渠道混合。

五、产业安全的痛点与价值

(一)产业安全的痛点

当前,产业安全的痛点主要包括:安全成本难于控制、安全检测与防护的能力薄弱、安全技术升级换代加快、安全实施效率有待提升、安全人才缺位等五个方面。

安全成本难于控制。一方面,改造成本高昂,形成了难以维护管理的"蜘蛛网",大批量的数据迁移需要投入的技术与成本相当高。另一方面,安全系统的运维成本高,网络安全产品和服务价格与企业营收不匹配,尤其对于中小企业而言,资金投入更为困难,无力支撑网络安全方面的支出。

安全检测与防护能力薄弱。传统的检测和防护手段落后,不足以应对新型的攻击手段和日渐复杂的网络环境。数据孤岛、信息孤岛状况依然严重,未来随着政务服务、智慧城市、行业监管等领域的发展，一体化需求持续提升，对于打通数据通路的需求十分迫切。

安全技术升级换代加快。以数据为中心的安全防护技术需求加大，产业互联网技术创新促使安全技术随之升级，云安全、移动安全、物联网安全等多种技术的应用使网络安全技术的综合要求显著提升。

安全实施效率有待提升。产业互联网安全的未来发展不是某一个或某几个企业或公司投入就可以解决的，产业安全涉及面广、技术难度高、影响面大，需要多方共同发力才能满足。目前中国网络安全方面的投入较发达国家仍有较大提升空间。对于企业而言，网络安全的实施效率取决于战略层、决策层、实施层全方位的意识提升与机制保障，任何一层的缺失均有可能阻碍网络安全实施效果。

安全人才短缺。产业互联网时代新增的安全需求以及更精细的安全分工，迫切需要更多的高水平、有经验、善管理的安全人才。但目前，我国网络安全人才培养与行业需求严重脱节，主要反应在人才数量供给不足，人员技术水平难以满足实际需要。

（二）产业互联网的价值

产业互联网的发展加速了各行各业的数字化进程，数字资产成为企业核心资产之一，网络安全威胁更加复杂也更具破坏性，安全能力的缺失，将给企业带来巨大威胁和隐患。与此同时，智能经济的发展打破了行业边界，加速了产业间的融合创新,也将为很多成长型企业"弯道超车"的机会,安全已经逐渐成为企业的核心竞争力之一。

要满足产业互联网的安全需求,需要企业从经营战略角度切入,改变过去被动防御的传统思维,做好主动规划和安全管理,从"情报—攻防—管理—规划"四个维度构建企业安全免疫系统。

情报:产业安全的基础。对于企业安全运营者,安全威胁方面的情报信息有利于优化风险应对,及时响应处置,完善企业纵深防御体系。通过建设情报共享平台,提升威胁情报获取能力,形成威胁情报收集、分析、分享、应对方案、记录的管理生态体系,构建主动防御,能够让企业在威胁预测、感知、响应上把握先机。

攻防:产业安全的本质。攻击者会不断寻找防护方的弱点,防护方也需要不断研究攻击者的思维方式与行为特征,探索应对攻击者攻击的方法,提升安全防护的能力和效率。此外,攻防博弈带来大数据、AI等新技术在安全中的应用创新,产生了新的安全防护模式和新的安全产品,在安全实践中不断得到检验和精进。

管理:安全问题的实质是管理问题,需要从战略视角看待产业安全。如何全面协同信息、管理、分析、应对等能力,直接影响企业战略的实施效果。科技化、精细化、智能化的网络安全管理已经成为全行业的共同追求。

规划:预判和提前应对风险。数字化贯穿企业研发、生产、流通、服务等全过程,其中无不涉及安全需求;要解决数字化产业链的安全问题，就需要企业从经营战略视角进行统一规划，建立系统性的安全防御机制。从国家层面出发，全面制定网络安全管理和实施规划；在行业层面，企业制定发展策略时，也需要将安全纳入企业战略规划。

六、产业安全的潜力与突破

（一）产业安全成为国家安全战略的重要内容

网络安全已经与环境退化、经济紧张和地缘政治一起被列为未来面临的四个主要风险。习近平总书记明确指出："没有网络安全就没有国家安全"。产业互联网关系到国家经济发展、国家竞争力的提升和社会稳定等多个方面，产业互联网与业务运营的深度结合将网络安全提升到了从未有过的国家战略高度。

因此，未来需要完善产业安全在内的国家安全政策体系，形成一套全面而有效的"大安全"系统；实施具有国际视野的产业政策，加快产业安全的市场培育，形成若干具有国际竞争力的网络安全核心企业；降低对核心芯片、操作系统、数据库系统和中间件等在内的关键软硬件产品的进口依赖。

（二）市场规模将持续高速发展

在国家政策与技术创新的持续推动以及企业上云需求的引领下，我国网络安全市场规模将获得持续的高速发展。

一是市场规模将会持续扩大,未来三年安全方面的整体市场依然会保持20%左右的高速增长。二是我国安全方面的市场增速将高于云计算市场的整体增速,超出值可能达到5%~10%。三是市场竞争格局将会持续变化和整合,推动行业向低集中度市场转变。

(三)从安全产品向安全能力与运维服务综合方向发展

产业安全是安全能力与运维能力的综合体现。未来,随着电子政务、智慧城市、行业监管等领域的发展,一体化需求将持续提升,对于打通数据的需求十分迫切。在此背景之下,顶层设计、整体规划、全局管理在产业安全保障过程中的作用会逐步提升,安全与运维的综合能力将成为网络安全方面的发力重点。网络安全供给模式将会得到重塑,由"产品"向"产品+服务"的形式转变。

(四)企业将围绕安全进行战略升级

产业互联网时代,企业业绩取决于完整、闭环的业务流程,安全能力将成为长期内决定每一个流程和整个业务闭环效能;安全能力也将成为企业竞争力差异化的关键要素,还将逐渐成为首席执行官和董事会的第一要务。这就要求我们做好如下三点。一是,构建全方位的安全技术体系,与广泛的安全服务供应商建立更加紧密的生态合作体系就显得尤为重要。二是,进行组织变革,从长期战略的角度对安全部门在公司内部的决策权分配进行及时和科学

第六篇　加快制定实施产业互联网国家战略

的调整。三是，推动管理模式变革，在业务部门与安全部门之间建立顺畅的沟通机制，在整个企业中建立和嵌入"风险防范文化"。

（五）云化与智能化成为安全技术创新的重要方向

云基础设施将会成为未来安全攻击与安全防护的"主战场"，智能技术则将会成为攻防双方的"主战武器"。产业互联网连接设备的多样性和生产技术的提升，将促使企业针对产业安全进行全面的技术升级。前沿科学和技术将被广泛应用于安全技术，强化和升级自己的安全体系。伴随着人工智能、5G、大数据、云计算、量子通信、区块链等前沿科技在产业互联网时代日臻成熟，网络安全技术也迎来新的发展阶段。网络安全中颇为重要的"态势感知"技术，将在大数据和人工智能的加持下，进一步提升效率和精准率，并降低研发和应用成本；包含卷积神经网络在内的机器学习模型的应用，将给病毒对抗带来全新的思路；云计算的普及，让纵深防御（DID）、软件定义信息安全（SDIS）、安全设备虚拟化（SDV）等体系方案将逐渐落地。

（六）安全能力交付模式重塑

产业互联网时代，网络安全建设不单纯是技术问题，还是重要的管理问题。企业安全建设不仅需要有效的工具、科学的方法还需要专业的运维。愈发严格的政策及法规方面的要求，和愈发复杂的威胁的存在，使得企业迫切需要一套包含合适的人、工具、方法的安全服务模式，从前期就做好安全战略规划以及安全政策咨询。未来，企业对安全规划服务的需求将进一步增强。这意味着在传统售卖软硬件安全产品的基础上，网络安全企业需要通过"专家服务"+"产品定制"的形式，帮助企业提升安全体系的整体竞争力。

（七）产业安全新生态加速构建

产业互联网时代，除政府、企业以外，产业安全生态体系中会融入更多组织和个人，形成更多的安全主体，每个安全主体也会对应着不同的安全责任。产业互联网时代，各方都是安全生态构建的参与者，政府、网络安全企业、第三方机构分别在战略规划、技术研发、形势研判等方面承担相应的责任，各方协同保障产业互联网安全、健康地发展。聚焦在核心的网络安全攻防层面上，网络安全企业携手共建安全生态，不仅将共享彼此的情报，提升攻防能力；还将有助于提升网络安全行业的资源配置效率，形成良性竞争环境，从而更好地为企业提供安全服务。